国家林业和草原局职业教育"十四五"规划教材

走进林业

叶世森　廖建国　主编

中国林业出版社
China Forestry Publishing House

图书在版编目（CIP）数据

走进林业／叶世森，廖建国主编. — 北京 ：中国
林业出版社，2023. 9
国家林业和草原局职业教育"十四五"规划教材
ISBN 978-7-5219-2319-3

Ⅰ.①走⋯　Ⅱ.①叶⋯　②廖⋯　Ⅲ.①森林保护–中
国–职业教育–教材　Ⅳ.①S76

中国国家版本馆 CIP 数据核字（2023）第 168437 号

策划编辑：田　苗　郑雨馨
责任编辑：郑雨馨
责任校对：苏　梅
封面设计：时代澄宇

———————————

出版发行：中国林业出版社
　　　　　（100009，北京市西城区刘海胡同 7 号，电话 83223120）
电子邮箱：cfphzbs@163.com
网址：www. forestry. gov. cn/lycb. html
印刷：北京中科印刷有限公司
版次：2023 年 9 月第 1 版
印次：2023 年 9 月第 1 次印刷
开本：787mm×1092mm　1/16
印张：10. 5
字数：240 千字
定价：45. 00 元

《走进林业》编写人员

主　　编：叶世森　廖建国

编写人员：（按姓氏笔画排序）

叶世森　福建林业职业技术学院

李　霞　福建林业职业技术学院

李肇锋　福建林业职业技术学院

余燕华　福建林业职业技术学院

陈　芳　福建林业职业技术学院

应兴亮　福建林业职业技术学院

裘晓雯　福建林业职业技术学院

傅成杰　福建林业职业技术学院

廖建国　福建林业职业技术学院

前言

党的二十大报告中强调"立足我国能源资源禀赋，坚持先立后破，有计划分步骤实施碳达峰行动。""完善能源消耗总量和强度调控，重点控制化石能源消费，逐步转向碳排放总量和强度'双控'制度。"为了让更多的人了解森林与人类的关系，林业生产和技术的发展，林业与生态文明建设的关系，组织编写了本教材。

本教材系统介绍森林对人类与环境的影响、林业的发生与发展、智慧林业科学技术发展、森林文化内涵与主要形式、林业在生态文明建设中的作用等，强调科学性、通俗性、思想性、文化性，集森林生态知识传播、林业科学技术普及、森林文化情怀培养于一体。本教材由森林与人类、森林生态、森林资源管理、森林健康、森林碳汇、智慧林业、森林文化、林业与生态文明8个单元组成。每个单元为一个专题，引导学生学习相关知识；在每个单元的学习过程中，结合当前我国林业行业与生态建设的情况，遴选一些典型案例，使课堂教学得到延伸，让学生在丰富有趣的氛围中完成理论知识的学习及人文素养的提升，培养学生尊重森林、保护森林的意识，致力于建设人与自然和谐共生的美丽中国。

本教材由叶世森、廖建国担任主编，具体分工如下：裘晓雯编写单元1，余燕华编写单元2，廖建国编写单元3，叶世森编写单元4的4.1，应兴亮编写单元4的4.2、4.3，傅成杰编写单元5，陈芳编写单元6，李霞编写单元7，李肇锋编写单元8；全书由叶世森、廖建国统稿。

本教材引用了大量文献资料，在此谨对作者表示衷心的感谢。

本教材适用于高等职业院校非林业技术专业相关通识课程，也可作为广大师生及相关从业者了解森林、了解林业的参考读物。

由于时间仓促，加之编者水平所限，书中难免存在不足之处，敬请广大读者批评指正。

编　者

2023 年 8 月

目 录

单元 1 ●━━━━━━

森林与人类

📖 知识目标

1. 理解森林的概念、内涵及特点。
2. 了解世界森林资源概况及发展趋势。
3. 了解中国森林资源概况与发展趋势。
4. 了解人类文明与森林变迁的历史进程。
5. 掌握新时期森林理念的内涵与实践要求。
6. 熟悉森林的物质、生态、文化三大功能及其与人类生存发展的关系。

✓ 技能目标

1. 能分析森林与人类文明变迁的内在逻辑与关系。
2. 能分析森林对人类的价值与意义。

📘 素质目标

1. 培养学生的人类文明史观，提高生态文明意识。
2. 养成正确的生态审美观和健康高雅的审美情趣。

1.1 走进森林

1.1.1 什么是森林

俗语说"独木不成林",是指一棵树无法形成一片森林,森林是由大量林木集合而成。正如词语"森林",由五个"木"组合而成。

1903 年,俄国林学家莫罗佐夫定义森林是林木、伴生植物、动物及其与环境的综合体。森林生态系统是指以乔木为主体的生物群落(包括植物、动物和微生物)及其非生物环境(光、热、水、气、土壤等)综合组成的动态系统,是生物与环境、生物与生物之间进行物质交换、能量流动的功能单位。

森林包括 3 层含义:

其一,森林是以乔木为主体的生物群落,这个生物群落还包括灌木层、草本层以及地被层;

其二,这个生物群落是一个完整的系统,不但有植物(生产者),还有动物(消费者)、微生物(分解者),形成一个复杂的食物链,构成一个良性循环,保证森林消消长长、生生不息;

其三,这个生物群落不是封闭的,而是一个开放系统。森林生态系统既能通过光合作用,把太阳能转化为生物能,又能通过系统的功能作用与非生物环境(光、热、水、气、土壤等)进行物质交换和能量转化,从而影响、改善和优化生态环境。

显然,森林是一个具有自我更新、自我恢复的组织系统,既不需要外来能源,也不向环境排放废弃物,同时又同外界非生物环境进行物质循环和能量转换,森林全年转化总生物量为 1856 亿 t,占全球总生物量的 90% 左右,是当之无愧的陆地生态系统主体。

森林生态系统不同于其他陆地生态系统,具有面积大、分布广、物种丰富、结构稳定等特点,对生态系统影响巨大,其作用是其他陆地生态系统无法替代的。森林具有以下特点。

(1)分布范围广,树木形体高大

寒带、温带、亚热带、热带等不同的气候带,山区、丘陵、平地、沼泽、海涂滩地等不同的地形均有森林分布,且树体高大、生命力强。由优势乔木构成的林冠层可达十几米、数十米,甚至上百米。我国西藏波密的丽江云杉高 60~70m,云南西双版纳的望天树高 70~80m;北美红杉和巨杉能够长到 100m 以上,而澳大利亚的桉树甚至可高达 150m。树木的根系发达,深根性树种的主根可深入地下数米至十几米。树木的高大形体在竞争光照条件方面明显占据有利地位,而光照条件在植物种间生存竞争中往往起着决定性作用。因此,在水分、温度条件适于森林生长的地方,乔木在与其他植物的竞争过程中常占优势。由于森林生态系统具有高大的林冠层和较深的根系层,森林对林内小气候和土壤条件的影响均大于其他生态系统,并明显影响着周围地区的小气候和水文情况。

树木为多年生植物,寿命较长。多数树种寿命可达百年,甚至更长。我国西藏有树龄

2200 多年的巨柏；山西晋祠的周柏和河南嵩山的周柏，据考证已存活了 3000 年以上；台湾阿里山的红桧和山东莒县的大银杏也是 3000 年以上的高龄。北美红杉寿命更长，有记录的已有 7800 多年；而世界上有记录寿命最长的树木，更要数非洲加纳利群岛上的龙血树，最长者已存活 8000 多年。森林树种寿命长的特性使森林生态系统较为稳定，能对环境产生长期而稳定的影响。

（2）组成结构复杂

森林生态系统的植物层次结构，一般可分为乔木层、灌木层、草本层，此外，还有苔藓地衣层、枯枝落叶层、根系层等。不同层次的植物具有不同的耐阴能力和水湿要求，按其生态特点分别分布在相应的林内空间小生境或片层中，年龄结构幅度广，季相变化大。因此，宜形成和谐、稳定、美丽的自然景观。乔木层可按高度不同，再划分为若干层次。在我国东北红松阔叶林地，乔木层常分为 3 层：第 1 层由红松组成，第 2 层由椴树、云杉、裂叶榆和色木等组成，第 3 层由冷杉、青楷槭等组成。在热带雨林内，乔木层分为 4~5 层，有时形成良好的垂直郁闭层，各层次之间没有明显的界线，很难分层。我国海南岛的热带雨林，乔木层次更为复杂，第 1 层由蝴蝶树、青皮、坡垒、细子龙等散生巨树构成，树高可达 40m；第 2 层由厚壳树属、蒲桃属、柿树属，以及山荔枝、樫木和大花第伦桃等组成，这一层有时还可分层，分别由粗毛野桐、白颜树、白茶树和藤春等组成。下层乔木下面还有灌木层和草本层。此外，还有种类繁多的藤本植物、附生植物分布于各层次间。森林的成层分布是植物对林内多种小生态环境的一种适应现象，有利于营养空间的利用和提高森林的稳定性。

由耐阴树种组成的森林系统，年龄结构比较复杂，同一树种不同年龄的植株分布于不同层次，形成异龄复层林。如西藏的藓类长苞冷杉林为多代的异龄天然林，年龄从 40 年生到 300 年及以上均有，异龄复层明显。东北的红松不少为多世代并存的异龄林，如黑龙江带岭林区的一块蕨类榛子红松林，红松的年龄分配延续 10 个龄级，年龄的差异在 200 年左右。异龄结构的复层林是某些森林生态系统的特有现象，新的幼苗、幼树在林层下不断生长繁衍代替老的一代，这类森林生态系统稳定性更强，常常是顶极群落。

（3）拥有最丰富的生物种类

有森林的地方，水分和温度等环境条件较好，适于多种生物生长；林冠层的存在和森林的多层性，在不同的空间形成了多种小环境，为各种植物创造了生存的条件；丰富的植物资源又为各种动物和微生物提供了食料和栖息的场所。因此，森林中生物物种资源丰富。森林植物包括乔木、亚乔木、灌木、藤本、草本、菌类、苔藓、地衣等。森林动物从兽类、鸟类，到两栖类、爬虫类、昆虫类等，不仅种类繁多，而且个体数量大，是森林中最活跃的成分。

我国是世界上森林树种最丰富的国家之一，有木本植物 8000 余种，乔木 2000 余种。不同森林生态系统的物种数量差异很大，热带森林的物种最为丰富，是物种形成的中心。在人类可描述的物种中，半数以上的物种分布在仅占全球陆地面积 7% 的热带森林里。例如，海南岛的土地面积只占全国土地面积的 0.4%，但却拥有维管束植物 4200 余种，约为全国维管束植物种数的 1/7；乔木树种近千种，约为全国的 1/3；兽类 77 种，约为全国的

21%；鸟类 344 种，约为全国的 26%。西双版纳是我国热带生态系统保存最完整的地区，素有"植物王国桂冠上的一颗绿宝石"的美称。在翁郁叠翠、莽莽苍苍的热带雨林中，仅高等植物就有 5000 多种，中国特有植物 153 种，濒危植物 134 种。

（4）物质与能量流动系统完整、生产力高

森林具有最完善的营养级体系，即从生产者（森林绿色植物）、消费者（包括草食动物、肉食动物、杂食动物以及寄生和腐生动物）到分解者，形成全过程完整的食物链和典型的生态金字塔。森林生态系统面积大，树木形体高大、结构复杂，具有多层的枝叶分布，因此具有很高的叶面积指数，光能利用率和生产力在天然生态系统中是最高的。热带雨林年平均光能利用率可达 4.5%，落叶阔叶林为 1.6%，北方针叶林为 1.1%，草地为 0.6%，农田为 0.7%。除了热带农业以外，净生产力最高的就是热带森林，即使是温带农业也无法相比。据推算，全球生物量总计为 1856 亿 t，其中 99.8%在陆地上。森林每年生产的干物质量达 $6\sim8t/hm^2$，生物总量达 1664 亿 t，占全球的 90%左右，草原生态系统只占 4%，苔原和半荒漠生态系统只占 1.1%。

（5）森林用途多、效益大

森林物种（植物、动物）能持续地提供多种产品，包括木材、能源物质、动植物林副产品、化工医药资源等。同时其在涵养水源、改善水质、保持水土、防沙固沙、调节气候、防治污染、净化空气、减轻自然灾害、美化环境，以及野生动物保护等方面的生态效益和社会效益，超过其他陆生种群。

1.1.2　世界的森林

森林是陆地生态系统的主体，是人类社会赖以生存和发展的最重要的生态基础，在维护全球生态平衡、保障生态安全、改善人类居住环境、满足人民生活需要等方面，发挥着不可替代的作用。近年来，世界森林资源的保护与发展受到国际组织、各国政府及社会公众的广泛关注。在一系列全球性问题的冲击和挑战下，重视森林、保护生态已经成为国际社会的广泛共识和各国国家战略，林业发展问题已不是某一个国家或一个地区的问题，而是要求世界各国各地区共同合作、共破难题、共求发展、共享福祉。

联合国粮农组织（FAO）发布的 2020 年《全球森林资源评估》报告显示，全球共有 40.6 亿 hm^2 森林，人均森林面积 $0.52hm^2$，相当于全球 1/3 的陆地面积被森林覆盖。以净面积计算，全球森林面积与 2010 年相比减少了 470 万 hm^2。自 2015 年以来，全球毁林仍在持续，但毁林速度已有所减缓，平均每年有 1000 万 hm^2 森林被改作其他土地用途，比 2000—2015 年的年均森林用途变化量减少了 200 万 hm^2。

FAO 气候和自然资源司副司长玛丽亚·海伦娜·塞梅表示，越来越多的森林按照森林可持续经营计划开展经营活动，如今已有 20.5 亿 hm^2 制订并实施了森林经营计划，超过全球森林面积的一半。这对实现联合国"可持续发展目标 15"，即"保护、恢复和促进可持续利用陆地生态系统，可持续管理森林，防治荒漠化，制止和扭转土地退化，遏制生物多样性的丧失"至关重要。

报告还显示，全球保护区内的森林面积自 1990 年以来增加了 1.91 亿 hm^2。目前，全球有 18% 的森林生长在保护区内，其中南美洲保护区内森林面积比例最高。这标志着就森林而言，全球已实现甚至超过"爱知生物多样性目标"中到 2020 年保护至少 17% 陆地面积的目标。

《全球森林资源评估》报告收集了森林面积比例变化情况及森林可持续经营进展趋势的官方数据，是 FAO 监测"可持续发展目标 15"关键指标的重要行动。为开展 2020 年全球森林资源评估，FAO 与全球超过 700 名专家合作，采用统一的方法，检验了 236 个国家和地区的 60 多个指标。通过全面评估全球森林资源，为政策制定、完善和实施及加强森林投资提供了重要工具。

（1）森林面积和森林资源的范围

①森林占全球陆地面积近 1/3。世界森林总面积为 40.6 亿 hm^2，占土地总面积的 31%，换算后相当于人均 0.52hm^2，即全球 1/3 的陆地面积被森林覆盖。但森林在世界人口或地理上分布不均，热带区域拥有世界上最高比例的森林（45%），其次是寒带、温带和亚热带区域。其中俄罗斯、巴西、加拿大、美国和中国 5 个国家的境域内，就分布有世界森林面积的一半以上（54%）。

②虽然世界森林面积仍在减少，但减少的速度已经减缓。自 1990 年以来，世界净森林面积减少了 1.78 亿 hm^2，相当于利比亚的国土面积。1990—2020 年，部分国家减少了森林砍伐，同时又有其他国家通过植树造林，以及森林自然扩张，使森林面积得到扩展，森林净损失率大幅下降。

③非洲是森林面积净损失最大的区域。2010—2020 年，非洲森林年净损失量最高，为 390 万 hm^2，其次是南美洲，为 260 万 hm^2。自 1990 年以来的 30 年中，非洲森林净损失量每 10 年都在增加。

④世界森林立木蓄积量正在下降。由于森林面积的净减少，世界立木蓄积量略有下降，从 1990 年的 5600 亿 m^3 下降到 2020 年的 5570 亿 m^3。

（2）可持续森林管理

①森林砍伐仍在继续，但速度已经降低。自 1990 年以来，全世界约有 4.2 亿 hm^2 的森林因砍伐而丧失，但森林丧失的速度已大幅下降。在 2015—2020 年，年森林砍伐率约为 1000hm^2，低于 2010—2015 年的 1200 万 hm^2。

②全球 90% 以上的森林已经自然再生。全球森林面积的 93%（37.5 亿 hm^2）由自然再生的森林组成，7%（2.9 亿 hm^2）为种植林。自 1990 年以来，自然再生林的面积有所减少（损失速度有所减缓），但种植林的面积增加了 1.23 亿 hm^2。在过去的 10 年里，种植林面积的增长速度已经减缓。

③工业人工林约占世界森林面积的 3%。工业人工林面积约 1.31 亿 hm^2，占全球森林面积的 3%、种植林总面积的 45%。南美洲工业人工林的份额最高，欧洲工业人工林的份额最低。在全球范围内，44% 的工业人工林以引进物种为主。

④为超过 20 亿 hm^2 的森林制订了管理计划。虽然欧洲大部分森林都有经营计划；但在非洲和南美洲仅有不到 25% 和 20% 的森林有经营计划。所有有经营计划地区的森林面积都在增加，从全球视角来看，自 2000 年以来森林面积增加了 2.33 亿 hm^2，于 2020 年达到

20.5 亿 hm²。

⑤火灾是热带地区普遍存在的森林扰动。森林面临的许多干扰会对其健康和活力产生不利影响，并降低其提供各种商品和生态系统服务的能力。2015 年受火灾影响的森林面积约为 9800 万 hm²，这主要发生在热带地区，那一年火灾烧毁了森林总面积的 4%。

⑥世界上的森林大多为公有，但私有林的比例自 1990 年以来有所增加。世界上 73%的森林产权为公有制，22%为私有制，其余的产权被归类为"未知"或"其他"。公有制在所有区域及大多数次区域占主导地位。从全球来看，公有林的份额自 1990 年以来有所下降，私有林的面积有所增加。

(3)森林生物多样性保护

①全球约有 10%的森林用于保护生物多样性。在全球范围内，4.24 亿 hm² 的森林被指定主要用于生物多样性保护。自 1990 年以来，总共指定了 1.11 亿 hm²，其中最大一部分是在 2000—2010 年分配的。

②超过 7 亿 hm² 森林位于依法建立的保护区中。据估计，全世界有 7.26 亿 hm² 的森林处于保护区内。在全球 6 个区域中，南美洲的保护区内森林份额最高，为 31%。自 1990年以来，全球保护区内森林的面积增加了 1.91 亿 hm²。

③原生林面积约 10 亿 hm²。世界上仍有至少 11.1 亿 hm² 的原生林，即由本地物种组成的森林，其中没有明显可见的人类活动迹象，生态过程也没有受到显著干扰。其中巴西、加拿大和俄罗斯 3 个国家拥有全球一半以上(61%)的原生林。

自 1990 年以来，原生林面积减少了 8100 万 hm²，但与上一个 10 年相比，2010—2020年的损失率减少了一半以上。

(4)森林的生态、经济与社会功能

①大约 30%的森林主要用于生产。在全球范围内，大约 11.5 亿 hm² 的森林主要用于生产木质林和非木质林产品。此外，7.49 亿 hm² 土地的指定功能为多用途，生产也往往包含其中。自 1990 年以来，世界范围内主要用于生产的森林面积相对稳定，但多用途林的面积减少了约 7100 万 hm²。

②主要用于水土保持的指定森林面积正在增加。据估算有 3.98 亿 hm² 的森林被指定主要用于水土保持，较 1990 年增加了 1.19 亿 hm²。分配用于此目的的森林面积增长率在整个时期都有所增长，过去 10 年中尤是如此。

③超过 1.8 亿 hm² 的森林主要用于社会服务。全世界 1.86 亿 hm² 的森林被划拨用于娱乐、旅游、教育、研究以及文化遗址保护等社会服务。自 2010 年以来，指定功能为此用途的森林面积以每年 186 000hm² 的速度增加。

1.1.3　中国的森林

1.1.3.1　中国森林资源概况

自 20 世纪 70 年代开始，建立了每 5 年为一周期的国家森林资源连续清查制度，翔实记录我国森林资源保护发展的历史轨迹。

2014—2018 年的第九次全国森林资源清查，调查固定样地 41.5 万个，清查面积 957.67 万 km^2。结果显示，我国森林资源总体上呈现数量持续增加、质量稳步提升、生态功能不断增强的良好发展态势，初步形成了国有林以公益林为主、集体林以商品林为主、木材供给以人工林为主的合理格局。全国森林覆盖率 22.96%，森林面积 2.2 亿 hm^2，其中人工林面积 7954 万 hm^2，继续保持世界首位。森林蓄积量 175.6 亿 m^3。森林植被总生物量 188.02 亿 t，总碳储量 91.86 亿 t。年涵养水源量 6289.50 亿 m^3，年固土量 87.48 亿 t，年滞尘量 61.58 亿 t，年吸收大气污染物量 0.40 亿 t，年固碳量 4.34 亿 t，年释氧量 10.29 亿 t。

根据第九次全国森林资源清查结果，结合第七次、第八次森林资源清查数据分析，中国森林资源总体上呈现数量持续增加、质量稳步提升、功能不断增强的发展趋势。

1.1.3.2　中国森林变化情况

(1)森林面积稳步增长，森林蓄积量呈快速增加

全国森林实现了保持 30 年连续面积、蓄积量的"双增长"。我国成为全球森林资源增长最多、最快的国家，生态状况得到了明显改善，森林资源保护和发展步入了良性发展的轨道。

(2)森林结构有所改善，森林质量不断提高

全国乔木林每年蓄积量增加 5.04m^3/hm^2，达到 94.83m^3/hm^2，每年均净增长 0.50m^3/hm^2，达到年 4.73m^3/hm^2。全国乔木林中，混交林面积比率提高 2.93%，珍贵树种面积增加 32.28%，中幼林密度林分比率下降 6.41%。

(3)林木采伐消耗量下降，森林蓄积量长消盈余持续扩大

全国林木年均采伐消耗量 3.85 亿 m^3，同比减少 650 万 m^3，林木蓄积量年均净增长量 7.76 亿 m^3，同比增加 1.32 亿 m^3。长消盈余 3.91 亿 m^3，同比增加 54.90%。

(4)商品林供给能力提升，公益林生态功能增强

全国用材林可采资源蓄积量净增 2.23 亿 m^3，珍贵用材树种面积净增 15.9 万 hm^2。其中，公益林总生物量净增 8.03 亿 t；总碳汇量净增 3.25 亿 t；年涵养水源净增 351.93 亿 m^3；年固土量净增 4.08 亿 t；年保肥量净增 0.23 亿 t；年滞尘量净增 2.30 亿 t。

1.2　森林是人类文明的摇篮

1.2.1　森林与原始文明

森林是自然界给予地球的呵护，也是自然界对人类的恩赐。现代森林的形成和发展，经历了一个漫长的演化过程，一般分为 3 个阶段：蕨类古裸子植物阶段、裸子植物阶段、被子植物阶段。森林是一种可再生的自然资源，也是地球上的基因库、碳储库、蓄水库和能源库，为人类的生存和发展提供重要的资源和生态环境，维系着整个地球的生态平衡。

森林是人类的摇篮，远在新生代第三纪的中晚期，亚洲、非洲的热带和亚热带森林里生活着一种高度发育的古猿，他们成群结队地生活在树上，在树上构巢栖息。他们就是人

类的祖先，后来又经过长期的发展进化，才成为如今的人类。

据研究，最初的古类人猿生活在森林里，吃野果，披树叶，一切依靠森林，这个时期就是我国传说中的有巢氏和燧人氏时期。当时，森林是人类唯一赖以生存的场所。据考证，我国最早的"元谋人"（1956年在云南元谋县发现），距今已有170万年之久；"蓝田人"（1964年在陕西蓝田县发现）距今已有85万年；"北京人"（1929年在北京周口店发现），距今也有40万~50万年，他们都是在森林里以采集树木果实为生。在当时北京周口店附近的山上，松柏参天，栎树、桦树和朴树也很高大繁茂，是"北京人"采集食物的好地方。每当金秋时节，树上果实累累，他们便成群结队地到山上采集野果；到了严冬，他们只得用石器挖开冬土，寻找可食的植物块根充饥。

随着岁月的迁徙，"北京人"不仅懂得了食用森林中的野果，还知道猎取森林中的动物充饥。开始他们只能猎取比较弱小的动物，如鹿、羚羊、野马、牛、猪等。后来，他们能用石器、木器和火器等作武器，获取较大和较凶猛的野兽。这一时期，人们称为旧石器时期。这是森林完全主宰人类的阶段，离开了森林，就谈不上人类的生存和发展。

几十万年前，我们的祖先才渐渐开始从"摇篮"里走出来，进行原始的农业活动，这就是森林与人类的最初背离。最初的农业活动，拉开了森林破坏活动的序幕。他们采用火耕法，即用石器砍倒树木，再用火烧，然后在肥沃的森林土壤上播种五谷。因为森林土壤松软肥沃，不经十分精细的耕耘也能长出庄稼来。后来，农业生产中有了耜耕技术，这个时期就是相传的神农时期，即新石器时代（距今6000~7000年）。耜耕技术的应用，使农业得到了更大的发展，毁林开荒和劈林放牧成了普遍现象。亚洲在黄河流域、恒河流域建立了古老的农业；欧洲人在原始的山野上耕种；小亚细亚人种植小麦；中美洲人在高地栽培玉米，这些都是毁林开荒得来的，都曾烧毁了大面积的森林。不过这时还是一种流动性的耕种方式，往往是一片森林砍伐后，耕种几年，当肥力下降后就放弃了，再去"摧毁"新的森林。易砍伐的森林被破坏之后，人类丧失了原有的生态环境，被迫在旷野定居生活。他们施肥、灌溉，从事固定的田园耕作，建立了固定的村落，最初建立的村落距今有六七千年。从考古资料分析判断，仰韶文化早期、大汶口文化早期、青莲岗文化早期都属于这一阶段。西安半坡和临潼姜寨都发现了典型村落。村落的出现，使人类真正走出了"摇篮"，脱离了森林生活。这一时期，相当于传说中的尧、舜、禹时代。

从构木为巢到建立村落，经历了150万~160万年的漫长历史岁月。这一阶段，人类是在森林这个"摇篮"里度过的，也是人类最为接近森林的时期。所以从某种意义上讲，是森林养育了人类，在森林的保护下人类才度过了最困难的"婴儿"期。

1.2.2 森林与农耕文明

中国的原始农业，可以上溯到7000~8000年前。考古发掘资料表明，史前原始农业文化遗址，在全国各地都有发现。黄河流域早期文化遗址，有河南新郑裴李岗、新密莪沟，河北武安磁山遗址，距今7000多年。西安半坡遗址、朝阳牛河梁遗址、沈阳新乐遗址，距今6000年左右。这些遗址中出土了大量用于农业生产的石制和骨制的斧、铲和镰，以及粮食加工工具——石磨盘和石磨棒。房屋周围分布有圆形、椭圆形和长方形的窖穴。新乐遗址和磁山遗址还保留有炭化的粮食，半坡遗址中则出土了粟一类的谷物和芥菜一类的菜籽。遗址还出土了猪、狗、羊和其他动物的骨骼，以及陶猪、陶羊、泥塑人像等原始工艺品。渔猎工具有石弹丸、石制和骨制的箭头，此外还有炭化了的橡子、枣核等。由此可见，当时已有农业生产和家畜饲养活动，并兼有渔猎生活。

长江流域最早的文化遗址，有浙江余姚河姆渡遗址，距今约 7000 年。出土器物有骨耜、木耜和大量堆积的稻谷、稻壳、稻秆。稻谷经鉴定为籼稻。渔猎工具有骨制箭头、鱼漂、网坠、骨哨等。家畜有猪、狗和水牛，还有成堆出土的橡子、菱角、酸枣、麻栎、葫芦等果壳和果核。

先民们在经历漫长而艰辛的原始渔猎生活积累之后，正大踏步走出森林，离开洞穴，进入江河中下游平原地区，开始最初的农耕。传说中的神农氏，又称炎帝，"尝百草之滋味，水泉之甘苦，令民知所辟就（《淮南子》卷十九修务训)"，大约就在这一时期。

森林与人类的第 2 次"背离与接近"同人类由渔猎进入农耕社会同步。渔猎与农耕分工本身就表明人类对森林的背离，人类不再主要以森林为劳动对象过着采集与狩猎生活，而主要以农田为劳动对象，通过农业种植获得谷物，开始农耕生活。但由于中国幅员广阔，在中原地区进入农耕社会之后，在北部和西北的森林、草原、荒漠地区的氏族部落，还是以采集渔猎为主，或以畜牧为主。内蒙古赤峰巴林左旗的一些文化遗址反映了这里先民过着以渔猎为主、采集结合的经济生活。农耕社会的初始，森林与人类的"背离与接近"使得产生了以下情形。

一方面，原始农业始于刀耕火种，大片耕地要通过焚烧森林而获得，即背离森林。20世纪 50 年代，这种生产方式在我国的边远地区还存在，称"火田"之法，为了播种，将一片森林或杂灌烧掉，然后种地。史书上有关"火田"的记载甚多，安阳出土的甲骨文中也常见"焚"字。《说文解字》对"焚"字的定义是"焚，烧田也"，而"焚"字从字形看即焚烧森林之意。农业种植的全部田地都是以森林的毁坏换来的，农业文明几乎是完全建立在森林这一自然资源基础之上的。

同时，史前部落战争对森林造成毁坏。据《史记·五帝本纪》记载，黄帝不仅与"蚩尤战于涿鹿之野"，并且"天下有不顺者，黄帝从而征之"。因战争需要，要开山通道，要修筑工事，往往把大片森林砍伐殆尽甚至付之一炬。

另一方面，先民们又要依赖森林，即接近森林。虽然农业种植业已成为先民生存的重要方式，但除五谷为主要食物之外，烧饭取暖需要木材，修建房舍需要木材，制作用具需要木材，甚至交通、水利等方面也需要木材。黄帝教民耕种，"斫木为耜，揉木为耒"。在陕西桥山黄帝陵，黄帝手中拿的工具，不是别的，正是木耜。以木材为基本能源和材料的农耕社会，很难不依赖和接近森林。

随着社会进步，林木的重要性逐渐为人们所认识。采伐林木的工具由原始石斧到铜斧以至铁斧的出现，砍伐效率明显提高。这样，虽然火猎和焚林而田还不时出现，但森林与人类之间的主要背离形式已不是"焚林而田"，而是"披荆斩棘"，即采用斧、锯、凿、錾、锛、锉、削等工具，采伐林木，作为燃料、器物、用具、建筑、木船、棺椁之用，而采伐后的林地，被开垦成农田，促进了农业的进一步发展。在春秋战国时期，随着铁器的发明，森林与人类之间的背离速度加快了。因为使用铁斧，能清除大片森林，加快农垦步伐，使农业生产进入一个新的历史时期。农田的扩大，意味着平地森林、河谷森林乃至坡地森林的消失。西周以后，黄河流域、长江流域逐步经历森林向农田，天然林向次生林、经济林转化的过程，人类进一步背离森林。

同这种背离相适应，人类又接近森林，其典型的表述是农桑混作。其一，农桑是农耕社会的代名词。闻一多先生曾考证，殷商时期已有一定规模的桑园。西周以后，家庭种植桑树已是普通的农事。《周礼》中说："不蚕者，不帛。"就是说不种桑养蚕，就得不到衣帛。孟子也说，"五亩之宅，树之以桑"。植桑、种田关系到人们的衣食。中国农耕社会历来劝民农桑，把农、桑视为同等重要。

其二，人工经济林的栽培与发展农业种植业同步，先民们逐步引种野生植物为人工栽培。《诗经》中说，"园有桃，其实之肴""园有棘，其实之食"；又说，"树之榛栗，椅桐梓漆"。人工栽培的经济林已涉及竹、枣、栗、漆、李、桃、梅、荔枝等。

其三，人工植树，绿化环境。《诗经》说，"维桑与梓，必恭敬止"。就是把桑树和梓树引入庭院种植，既可遮阴，又可美化环境。从周朝始，先人在坟墓附近植树，成为习俗。《春秋·纬》记载："天子坟高三仞，树以松；诸侯半之，树以柏；大夫八尺，树以栾；士四尺，树以槐；庶人无坟，树以杨柳。"坟墓上植树，以纪念古人，也包含着祖先最初从森林中出来而把树木作为图腾的崇拜之意。

其四，出现行道树和人工园林。行道树的栽植，始于周朝。秦统一中国后，大修天下道路，"树之以松"，其绿化工程规模，在世界史上绝无仅有。周朝的园林是圈围的山林，以"灵台灵囿"的形式出现。秦汉的上林苑，规模宏大空前。园林的出现，说明森林的应用已开始由实用价值转向审美需求。

在不断认识和利用森林、不断背离和接近森林的过程中，森林满足了人类的物质需求，而人类也在森林身上打上文化的印记。农耕社会的森林文化逐步摆脱初始的粗陋，走向定型的精致。然而，真正体现农耕社会森林文化的应是甲骨文中"松、柏、桑、栗"等象形文字的出现，是在结绳记事、竹简文化到东汉时期蔡伦发明纸张的过程中逐渐深化的。纸媒作为中华文化乃至世界文化载体地位的确立，表明森林文化已经成熟。

从竹简文化到纸媒质文化是一条主线，贯穿中华文化的全过程。而由这一条主线衍生出的文化果实，可谓一树千枝，一源万脉。既然祖先可以在竹简上刻字，竹雕刻、木刻、木版画、木雕等工艺形态自然应运而生。既然祖先可以在纸张上写字，中国画、中国书法等艺术形式也自然应运而生。既然森林可以作为审美对象，那么以松、竹、梅为典型，寓意人类美好情感的民歌、诗词、随笔、散文等文学作品的出现，就十分正常了。森林文化还积淀在宗教、建筑、园林、饮食、祭祀、风俗、习惯之中，更是呈现出一幅生动鲜活的文化图景。

1.2.3 森林与工业文明

森林提供了工业文明发展的基础。森林作为自然演化的产物，一旦形成，就成为自然有机整体不可分割的部分，成为万物（包括人类）不可分割的部分。人类文明史证明，无论是渔猎社会还是农耕社会，人类均不能离开森林这一特定的生态背景，工业社会更是如此。但工业社会强大的竞争机制伴随而来的是对自然资源的强劲消耗，森林资源首当其冲。森林资源利用的直接性和简便性，使其成为工业化初期最主要的猎取对象，森林对人类生存的重要意义很少被顾及。

几乎所有工业化国家都经历了无林化过程。美国建国之初，开发西部、砍伐森林、开垦草原，植被的破坏导致了 1934 年的巨大"黑风暴"。日本在第一次世界大战期间，凡运输能及之地森林几乎被砍光，造成严重的水土流失。

新中国成立后相当长一个时期，由于经济建设的需要，我们的林业发展基本上是以木材为中心，这在当时是完全必要的。但是，由于在相当长的时期内没有充分认识自然资源和环境这种重要财富的价值，我们也付出了很大的资源和环境代价。这期间也提出过"森林资源永续利用""林业分工论"等理论，但一直被强大的木材需求所掩盖，没有受到广泛的重视，没有上升为指导思想和主导理论。有限的森林资源总量和不断恶化的生态环境越来越难以支撑高速增长的经济，如今这些问题已引起全社会的警觉，党和国家对改善生态环境越来越重视，全社会对提高环境质量的呼声越来越高。改革开放以来，我国开始投入大量资金，大规模营造人工用材林、经济林等商品林；大力构筑水土保持林、水源涵养林、防风固沙林、沿海防护林等生态林；倡导全民植树、营造行道树、打造园林、建立各类森林公园，以及设立湿地和森林自然保护区，保护野生动物栖息地等，表明我国对林业的认识和林业的主导思想发生了根本性变化。这个根本性变化即林业由以木材生产为主，转向以生态建设为主，走林业可持续发展道路。

1.2.4 生态文明与新时期森林理念的变化

生态文明是继工业文明之后人类文明的又一座里程碑。从工业文明向生态文明转变，是人类文明发展模式的变革。生态文明接纳了工业文明的全部积极成果，又对工业文明进行整体性的反思和超越。生态文明既肯定工业文明体系先进的生产力对社会的推动作用，又协调了人类生产和生活过程中对自然造成的干扰。生态文明不仅追求经济、社会的进步，而且要追求生态进步，它是一种人类与自然协同进化，经济、社会与生物圈协同进化的文明。生态文明无疑是人类理想的文明境界，是人类经过努力可能接近的合理社会。由工业文明迈向生态文明，这是历史的必然。

早在一百多年前，马克思与恩格斯就提出了一个极富远见的命题："人类同自然的和解以及人类本身的和解。"马克思与恩格斯就是以此为逻辑起点，对人、自然、社会三者之间的关系进行了深入的研究，提出并形成了生态学马克思主义，其基础部分就是关于人与自然的关系和人与自然和谐相处的科学思想。

习近平生态文明思想丰富和发展了马克思主义关于人与自然关系的理论：在人与自然的价值关系上，提出"人与自然是生命共同体"的思想，人与自然构成了一个有机生命整体，二者和谐共生、协同进化。人与自然的价值关系就是在生命共同体中产生的，生命共同体构成了生态价值的本体根源。在生态价值的社会取向上，倡导"良好生态环境是最普惠的民生福祉""把生态文明建设放到更加突出的位置"，不仅将生态价值观上升为社会主流价值观，而且把生态惠民、生态利民和生态为民作为生态文明建设的根本基点和价值取向。在生态价值的实践要求上，形成了完整而系统的评价和调节人与自然交往的总体行为规范："尊重自然、顺应自然、保护自然"，就是要求形成绿色化的思维方式；"像保护眼睛一样保护生态环境，像对待生命一样对待生态环境"，就是要求形成绿色化的伦理道德；"还自然以宁静、和谐、美丽"，就是要求形成绿色化的审美方式。生态价值上的真善美的统一，是现实性与理想性的统一，是主客体关系的理想模式，也是人类永恒的价值追求。

习近平总书记指出"我们既要绿水青山，也要金山银山。宁要绿水青山，不要金山银山，而且绿水青山就是金山银山"。"两山"理论向世界传达了中国绿色发展的理念。习近平总书记还强调："绿水青山既是自然财富、生态财富，又是社会财富、经济财富。保护生态环境就是保护自然价值和增值自然资本，就是保护经济社会发展潜力和后劲，使绿水青山持续发挥生态效益和经济社会效益。"

森林拥有地球上最丰富的陆地生物多样性。据 2020 年 5 月 22 日发布的最新版《世界森林状况》报告指出，森林有着 6 万个不同树种，涵盖世界上 80% 的两栖物种、75% 的禽类和 68% 的哺乳动物物种。世界上有千百万人民的粮食安全和生计依靠森林。森林向人类提供了超过 8600 万个绿色工作岗位。超过 90% 的极端贫困人口在森林中采撷食物、收集柴火、解决部分谋生问题。森林为美丽中国奠定了绿色空间，为健康中国提供了绿色基地，为富强中国增加了绿色财富，为乡村振兴铺就了绿色通道。

森林是我国最主要的自然资源与生态系统，同时也是我国生态安全的重要绿色屏障。森林在物质流与能量流的生态过程中形成并维系的人类生存所依赖的自然环境与效用，不仅为社会经济系统输入有用的物质及能量，还为人类生存提供必需的环境条件。

我国森林面积为 31.2 亿亩*，森林的生态功能、经济功能、社会功能和文化功能越来越显著，其生物多样性和多功能性越来越被人们所认识。脱贫攻坚、乡村振兴、美丽中国等事关人民美好生活的重大事项都与森林建设越来越密切。森林建设应当在保障国家生态安全的同时，探索绿水青山提质增效的新路径，为构建绿色高质量发展体系和增加绿色财富，建设美丽中国、健康中国和富强中国做出积极贡献。

1.3 森林是人类社会持续发展的基础

1.3.1 人类的生存保障

森林的广袤、宁静、青翠、雄奇、鸟语花香以及深厚的历史文化积淀等无一不具备巨大的魅力。在文学家眼中，森林是伟大的诗篇；在音乐家眼中，森林是不朽的乐章；在画家眼中，森林是美丽的风景画；而在百姓眼中，森林是休闲娱乐、疗养健身、愉悦身心的理想场所。对现代人来说，对森林的钟爱并不主要源于森林能提供安全庇护、食物和木

---

* 1 亩 ≈ 666.67m²。

材，而更多地在于享受森林提供的优越的生态环境、清新宜人的空气、如诗如画的自然风光、耐人寻味的文化内涵、能满足各类人群需求的游憩场所以及森林的保健功能等。

1.3.1.1 森林的生态价值

在全球经济快速发展的同时，全球十大环境问题(温室效应、臭氧威胁、生物多样化危机、水土流失、荒漠化、土地退化、水资源短缺、大气污染和酸沉降、噪声污染以及热带雨林危机)越来越突出，引起世界各国广泛关注。1992 年世界环境与发展大会提出，保护环境是人类生存和发展的先决条件，并签署了《森林原则声明》，指出森林问题是首要的原则问题。森林是陆地生态系统的重要组成部分。森林与环境有着休戚相关的联系，全球十大环境问题都与森林有关。

历史上，森林在陆地上分布的面积很广，在人类文明活动初期，估计森林有 80 亿 km^2，是现在的 2.8 倍以上，对全球的生态平衡有着重要的、不可替代的功能，可以说森林是地球上人类生存的依赖条件和依存伙伴。人类为自己的生存和可持续发展所能做的，也是唯一的选择，就是依照自然规律，维护森林生态系统在大气圈-地圈-生物圈巨系统中的作用与地位，在科学合理利用其资源的同时，确保这个巨系统的动态平衡。保护和发展森林生态系统，也就是保护和发展人类自身；损害和危及森林生态系统，归根到底，就是损害和危及人类自身的生存和发展。

(1)森林对全球生态环境的调节功能

森林作为陆地生态系统的重要组成部分，是大气圈-地圈-生物圈这一巨系统平衡的重要因子。从地球进化历史来看，森林是大气圈和地圈的光热、二氧化碳、氧的状况变化的产物。在 30 亿年前，大气圈缺氧，只有单个的原核生物细胞。14 亿~20 亿年前，大气圈发生了剧烈的变化，开始出现生产氧的具有光合作用的真核细胞，从此大气中的氧就持续增长，大约在 6.7 亿年前，氧在大气中的浓度相当于现在的 7%时，多细胞微生物群开始出现。经过生物的长期进化，到了 4.4 亿年前，维管束植物出现。到 2.7 亿~3.5 亿年前，高大的树蕨森林在大陆上出现。之后其他森林类型随地球冰期、间冰期的气候变化而发生变迁。直到第四纪初期，世界气候格局基本稳定，世界植被和森林的分布格局才基本稳定，逐步形成现代森林和其他植被的分布格局。

在过去，科学家一般认为地球表面的环境及其动态平衡基本上是物理、化学的过程，而生命系统对此影响很有限，或者它们的参与只是被动的和适应性的。但 20 世纪 70 年代以后，一些科学家研究提出，地球表面温度、酸碱度、氧化还原电位势和大气的气体构成等环境是由地球上所有生物总体积极参与控制的，并使地球系统在动态平衡中具有一定的调节功能。

森林生态系统既是近地表大气层物质(包括水)循环和能量转化过程中一些物质和某种能形式积聚的"汇"，又是另一些物质和某种能形式释放的"源"，而且也是生产者"储库"和大气-植被-土壤系统能量物质转化流通的重要通道。森林生态系统的自组织能力和系统内再循环功能不仅是自身结构与功能稳定性和持续生存的基础，对生物地球化学过程来讲，也是经常的、重要的、起调节作用的"缓冲器"，具有"阀"的功能。

①森林生态系统在水循环中的作用。全球水循环是最基本的生物地球化学循环，它强烈地影响着其他各类生物地球化学循环，而且在大气化学及全球环流中起着直接作用。在庞大复杂的全球水循环中，森林生态系统储水在海洋、冰川等巨大的储库分配中只有 $2×10^{15}kg/$ 年，是一个极小的库，但它却通过它的蒸发与蒸腾影响着陆地与大气间的水通量，即陆地降水（ $107×10^{15}kg/$ 年）与水汽（ $71×10^{15}kg/$ 年）返回大气。森林占有陆地面积的34%，由于它有山地、坡地分布的特点，以及森林树冠截留、森林凋落物层和土壤贮存等水源涵养功能，直接影响地表径流和土壤径流，而对土壤的水储库（ $360×10^{15}kg/$ 年）和河流水文动态（ $36×10^{15}kg/$ 年）产生影响，并与海洋的水循环发生关联。它还通过地球近地表环境变化，直接影响冰川线的上下和冰川贮库量。这种影响全球重要地面景观因素的水循环特点，是其他类型的陆地生态系统所不能及的。因此，世界各地都按流域和集水区营造森林或进行生物治理（主要是发展乔、灌、草植被，发展林业），控制保护山地森林线以防止雪线下降，保护冰川储库，以调节区域有效利用水量，这也成了人类一直以来普遍采取的工程手段。所以，可以想象，如果陆地表面缺少30%～50%的森林覆盖，陆地表面的水的时空动态将会是另一种景象和格局，降水后的地表径流会显著加大，地下水量会减少，河川径流暴涨暴落，且经常枯流，人类可利用水资源的损失是难以估量的。

②森林生态系统在全球碳循环中的作用。全球碳循环的研究表明，由于当代人类大量使用化石燃料（石油、煤炭、天然气等）和森林大面积减少，大气中二氧化碳的浓度升高，由此产生的"温室效应"使全球出现气候变暖趋势。而同时，由于作为碳素储库的森林大面积被砍伐，原来被贮存于森林生态系统内的碳贮量被释放出来，特别是森林采伐后用作薪材，加剧了温室效应，加速了全球变暖趋势。每年到达地球上的 $150×10^{21}J$ 的总太阳能通量中，约有 $2.88×10^{21}J$ 固定在植物体内，其中森林固定了 $1.2×10^{21}J$。也有资料表明，森林固定的能量占植物固定太阳能量总量的63%，而形成1个质量单位的植物干物质，需要提供1.83个质量单位的二氧化碳和释放1.32个质量单位的氧，所以森林在地球二氧化碳平衡中有重要作用，同时也为向地球提供氧做出很大的贡献。

联合国政府间气候变化专门委员会（IPCC）模拟研究结果表明，二氧化碳浓度增加1倍，将导致世界范围的农业平均减产6%～8%，而在发展中国家将减产10%～12%。当前，全球碳平衡的情形是，陆地土壤碳储库为 $1200×10^{15}g/$ 年，以森林为主体的陆地生物群从大气吸收碳量为 $110×10^{15}g/$ 年，而生物群和土壤以呼吸等形式向大气释放碳量为 $112×10^{15}g/$ 年，人类使用化石燃料向大气释放碳量为 $110×10^{15}g/$ 年。因此，如果没有陆地生物群作为从大气中吸收二氧化碳的"汇"，大气中二氧化碳浓度增加的量就会相当巨大，在当前大气二氧化碳浓度增加的因素中，森林面积的减少占所有因素作用的30%～50%。因此，人类不但要大力保护森林这个巨大的碳库，而且要大面积植树造林，以调节大气二氧化碳的浓度。研究证明，营造森林是世界上成本最低的减少大气二氧化碳浓度的措施。

综上所述，在地圈、生物圈的物质自然循环平衡中，地球化学循环占森林生态系统发生发展影响因素的5%～30%；反之，森林生态系统则以35%～69%的占比较大程度地影响和参与地球化学循环过程，而这种参与过程正是地球表面自然平衡受到变化和干扰时能够通过生命系统进行自我调节的重要环节。

（2）森林对区域生态环境的影响

①涵养水源、保持水土、调节径流、提高水资源有效利用率，减少洪涝灾害。林木具有庞大、茂密的林冠，可以截留降水，削弱雨水的冲击力。林地的枯枝落叶层是很好的蓄水层，可使雨水缓缓进入土壤，减少地表径流，减小对地表的侵蚀，所以林地土壤比非林地土壤有较好的蓄水性。据研究，林地土壤渗透率一般为250mm/h，超过了一般的降水强度，只要有1cm厚的枯枝落叶层，就可以把地表径流降低到裸地的1/4以下，泥沙量减少约94%。森林可以使集水区的径流较缓地进入溪流，在暴雨情况下就可以延缓洪峰，减小洪水量；在枯水季节，还可以使河流有一定的流量，调节流域的水量平衡，增加降水的有效利用率。所以，我国把植树造林、控制水土流失作为一项重要的战略措施。在治理黄土高原水土流失过程中，造林种草占总治理面积的70%~80%，工程措施仅占10%~20%。治理后，自20世纪70年代以来，每年流入黄河的泥沙量减少了1.5亿~3亿t。

②防风固沙，遏制农田沙化和土地荒漠化。森林的防风效益从降低风速和改变风向两方面表现出来。一条疏透结构的防护林带，迎风面防风范围可达林带高度的3~5倍，背风面可达林带高度的25倍。在防风范围内，风速减低20%~50%，如果林带和林网配置合理，就可以把灾害性风变为无害的小风、微风。乔木、灌木根系可以固着土壤的颗粒，或者把被固定的沙土经过生物作用改良成具有一定肥力的土壤。

③调节地方气候。由于森林冠层在日间可吸收太阳辐射的35%~75%，20%~25%被反射，因此，林区或森林附近的日温差小，可有效减弱冬季的寒冻和夏季的日灼高温危害。由于蒸腾作用，森林空气湿度增加，可比无林空旷区平均高15%~20%。故平原农业区的防护林网可以改善农田小气候、改善土壤温度和气温状况、提高空气湿度、保存积雪，有利于作物播种、生长和越冬；可以调节土壤水分、盐分动态，减轻土壤次生盐渍化发生，减轻干旱风、霜冻等自然灾害。同时，由于森林或林带增加了广阔粗糙的下垫面，能对高空气流产生影响，从而调节辐射平衡和水热平衡，改善地方气候。平原地区有了林带绿色荫蔽，对改善农民夏季的劳动环境也是十分有利的。草原地区也同样需要一定比例的森林来保护草场，以减免风暴、雹、霜、干热等自然灾害，提高草场生产力。实践证明，营造各类农田防护林，充分发挥森林防止风沙水旱灾害的功能，对保障农牧业稳产、高产有着特殊的不可替代的作用。

④影响降水。森林可增加水平降水(即雾、霜、露、雨淞、雪淞等形式的凝结物)。德国有研究表明，森林边缘从云雾中截流的云滴、雾滴水量达年降水量的5%，林内为20%；苏联有研究表明，这种水平降水平均占年降水量的13%。

以上内容说明森林在区域性增加空气湿度、增强水平降水、提供舒适的大气湿润条件、增加农作物产量等方面都有着重要作用。

1.3.1.2 森林的审美价值

森林作为地球上规模宏大的自然景观，在其形态上体现着自然美、生活美和艺术美；在其成分上有森林植物的美、森林动物的美、森林地貌的美、森林空气的美、岩石和特殊地质构造的美、森林区域的水体美、林区天象的美；在认识层次上体现着形式美和意境美等。世界上诸多的森林公园、自然保护区以及千姿百态的河流、湖泊和山峰，构成了一幅幅美丽的画卷，为人类提供了休闲旅游的美好去处。

自然美是一种最普遍、最大众化的美。在绚丽多彩，万紫千红的自然环境中，美的事物层出不穷，千姿百态，变化万千，是美存在的基本领域之一。高耸入云的山峰，雄奇险峻、丛石嶙峋、拔地参天；蜿蜒曲折的河川，清流激湍、碧波荡漾；幽谷深林，苍松翠柏、刚劲挺拔；还有蓝天明月、雨雪云雾、朝日晚霞、碧草鲜花、飞鸟虫鱼等森林生态景观，以它那鲜艳的色彩、悦耳的声音、神奇的形态直接唤起人的美感，给人以强烈的印象，从而获得美的心理享受。同时，森林还以生命与其生存环境所展现出来的协同关系与和谐形式，来表现一种更为深沉的生态美。生命是自然之中最高的最活跃的部分，生命意味着生长，生长则充满着新陈代谢、推陈出新，这是一种蓬勃旺盛、永恒不息的生命承续之美。当我们赞美满载丰收果实的农田，"风吹草低见牛羊"的开阔牧场，树木参天的莽莽森林等生态景观时，给予我们强烈震撼的首先是这些景观中充溢着的一种生命活力的美。生态美不仅表现为一种永不衰竭的生命活力之美，还通过生命之间相互支持、互惠共生以及与环境融为一体展示出一种和谐之美，即生物、阳光、空气、水分和土壤之间的整体协调美。空气、水、植物在生命维护的循环中相互协同，这本身就是美丽。

1.3.1.3　森林的休闲娱乐价值

在现代社会中，由于城市人口高度集中，环境污染严重，人的精神处于高度紧张状态，人们特别向往回归自然的怀抱之中。森林自然景观创造和提供的自然美、生活美和艺术美，能满足人们的需要。体验和鉴赏森林自然景观之美是净化心灵、丰富精神的一种需求。森林不仅能满足人的审美需要，而且能给人们带来安逸和舒适的感觉。绿色植物有一种奇妙的功能，对人的心理有镇静作用，使中枢神经系统放松，并通过中枢神经系统对人的全身起着良好的调节作用。特别是当人从喧哗的环境到绿色的环境中，人的脑神经系统就从有刺激的压抑中解放出来，使人感到愉快安逸、心情舒畅。在森林中，人们可以进行多种休闲娱乐活动。随着社会的发展，人们生活水平的提高，森林的休闲娱乐价值将进一步得到重视。

1.3.1.4　森林的科普教育价值

森林是大自然的重要组成部分，蕴藏着大自然无穷的奥秘和迷人的魅力。无论是过去还是将来，森林都是科学家们进行自然科学研究的重要场所，同时也是人们接受自然科普教育的理想课堂。

①了解当地的民俗风情和各种乡土知识。我国的少数民族大多生活在山区、边陲，他们以山林为依托，靠山吃山，形成不同风格的民俗民风和宗教传统，这些都是我国灿烂民族文化的重要组成部分。另外，少数民族人民的衣食住行，大都与森林密不可分。森林给予了山区少数民族人民水源之利、衣食之本，给了他们绿色的生存环境。在长期的生产与生活实践中，他们积累了许多很有实用价值的乡土知识，这些知识都是开展森林旅游、森林研学和自然教育的宝贵资源。

②了解主要的地貌类型及其成因。我国疆域辽阔，地貌类型丰富，以岩石种类区分主

要有石灰岩地貌、砂岩峰林地貌、花岗岩球状风化地貌、冰川地貌、冰缘地貌和丹霞地貌等；根据外动力和内动力种类不同又可区分为重力作用地貌、流水地貌、风力地貌、海蚀地貌、海积地貌、喀斯特地貌、黄土地貌、生物作用地貌、火山地貌、构造地貌和人工地貌等。各种地貌具有不同的观赏和科研价值，既有很强的科学性，又有很浓的趣味性。

③了解动植物的种类及其演变。我国森林动植物资源非常丰富，动植物的科普知识内容十分广泛，如动植物种类与进化史、动植物的生活与生长习性、动植物的分布规律、植物的季相特征、森林的演替规律等，这些知识对游客都很有吸引力。所以，现在大部分森林旅游区都对名木古树和主要植物挂说明牌，以增加人们对自然知识的了解，这对提高国民的生态保护意识也很有帮助。

1.3.1.5 森林的保健疗养价值

森林的保健疗养功能是森林游憩功能的一个组成部分。人的生理健康与其所处的自然环境有着直接的联系。森林中空气新鲜，负离子含量高。据有关资料报道，一般城市工业区空气中负离子含量为 $300 \sim 700$ 个$/m^3$，城市森林区为 1000 个$/m^3$ 以上，林区腹部为 $2000 \sim 3000$ 个$/m^3$。负离子具有杀菌、降尘、清洁空气的功效，被誉为"空气维生素和生长素"，对人体健康十分有益。充满负离子的森林空气对多种疾病都有一定的疗效。

森林是一座氧气加工厂，有着净化空气、制造氧气的作用。人们进入森林，可以接受"氧气治疗"。森林还是一座天然的、庞大的吸尘器，空气中的灰尘、粉尘均可得到过滤与吸收，支气管炎、咽炎、肺炎患者在这种环境中，其症状均可得到改善。此外，一些林木，如松树可分泌出松节油，是强大的杀菌防腐剂，人体吸入后有净化血液、防止黏膜发炎的作用，并可提高机体细胞的活性与人体的抗病能力；柏树、桦树、橡树等可分泌单萜烯、倍半萜烯与双萜烯，有着杀灭结核菌、伤寒杆菌、白喉杆菌、霍乱弧菌，消炎，抗癌以及促使生长激素分泌的作用；云杉对葡萄球菌、百日咳杆菌有抑制作用；柞树对高血压、心脏病有疗效。

科学实验证明，有 300 多种森林植物含有杀菌素，其气味对人体有益，如天竺葵、薰衣草可镇静安神；玫瑰花中的芳草醇、丁香油酚是流感与扁桃体炎的克星；菊花中的龙脑、菊花环酮可清热、平肝、明目；丁香花中的丁香油酚有很强的杀菌能力；夜来香、水仙花的气息可去除不洁气体；艾叶的气味可消毒、消炎、醒脑；薄荷气味使人思维敏捷；还有一些花香对鼻炎、高血压、气管炎等可发挥一定的治疗作用。

森林有益于缓解疲劳，森林的绿色视觉环境会使人产生满足感、安逸感、活力感和舒适感；绿色植物对人体的神经系统，特别是对大脑皮层会产生一种良性刺激，使疲劳的神经系统在功能上得以调整，使紧张的精神情绪得到改善。据测定，人在林区比在城市中每分钟脉搏可减少跳动 $4 \sim 8$ 次，皮肤温度可降低 $1 \sim 2$℃，因此，有利于高血压、神经衰弱、心脏病患者恢复健康。

森林绿色环境是开展健身运动的良好场所，在环境优雅的森林中锻炼身体，不仅可以增进健康，还可修身养性；与此同时，走进自然生态环境的保健运动也悄然兴起，如森林浴、日光浴、沙滩浴、温泉浴等，特别是森林浴的保健效果更是受到关注。

1.3.2　人类的资源宝库

印度加尔各答农业大学的一位教授，曾对一棵树算了两笔不同的账：一棵正常生长50年的树，按市场上的木材价值计算，最多值300美元。但是如果按照它的生态效益来计算，其价值就远不只这些了。据粗略测算，一棵生长50年的树，每年可以生产出价值31 250美元的氧气和价值2500美元的蛋白质，同时可以减轻大气污染（价值62 500美元）、涵养水源（价值31 250美元），还可以为鸟类及其他动物提供栖息环境（价值31 250美元）等。将这些价值综合在一起，一棵树的价值就不只300美元，而是20万美元。

森林作为可更新的特殊自然资源，是唯一可连续再生的木材资源生产系统。森林还能生产丰富的非木质林产品。森林的木质、非木质林产品生产具有持续性、再生性和环境友好性，是国民经济的主要生产资料、人民生活不可缺少的生活资料和可更新的生物能源。森林孕育和维持着丰富的生物多样性资源，包括生态系统多样性、物种多样性和遗传多样性，对人类未来的生物工程、人类生存和经济社会的可持续发展具有至关重要的作用。森林是巨大的二氧化碳储藏库，直接影响着大气中二氧化碳浓度的变化，从而对全球气候变化产生重要影响。

森林是陆地生态系统的主体，其面积占陆地总面积的34%，生物量占陆地生物总量的80%以上。森林保存着地球生命系统最丰富的物种和遗传基因，是地球生命的支持系统。森林具有各类植物生长的集聚地，又为各种珍稀野生动物提供了良好的栖息和繁衍环境。森林通过其复杂的组织结构，使其成为自然界物种的生存与发展的庇护所，同时，也调节着自然界的生物平衡，有效地保护生物多样性。森林是一个庞大的生物世界，森林之中除了各种乔木、灌木、草本植物外，还有苔藓、地衣、蕨类、鸟类、兽类、昆虫和微生物等。森林为世界上80%的两栖动物、75%的鸟类和68%的哺乳动物提供了栖息地。热带森林中生长着世界上约60%的维管束植物。红树林为无数鱼类和贝类提供了繁殖地和抚育地，吸收了可能对海草床和珊瑚礁产生不利影响的沉积物，而这些正是更多海洋物种的栖息地。

我国是世界上生物多样性最丰富的少数几个国家之一，物种数量占世界总数的10%，被国际自然保护联盟列为全球生物多样性极丰富的12个国家之一，生物多样性丰富度占世界的第8位，被称为"巨大多样性国家"。我国的生物多样性具有物种高度丰富、生物特有性高、生物区系起源古老、经济物种种源异常丰富、生态系统复杂多样、空间格局多种多样等特点。我国有高等植物约470科3700余属35 000余种，占世界种数的10%，仅次于巴西和哥伦比亚，名列世界第3。其中被子植物约有328科3123属30 000多种，分别占世界科、属、种数的75%、30%和10%，被誉为被子植物的故乡；苔藓植物2200种，占世界总数的9.1%；蕨类植物52科，2200~2600种，分别占世界科数的80%和种数的22%。我国也是世界上裸子植物最多的国家，有10科34属250种。我国有低等植物约4800种，占世界14%。我国现有脊椎动物6347种，占世界总种数的13.87%。其中哺乳类581种，列世界第5位；鸟类1244种，占世界总数的20.3%；两栖类284种，爬行类376种；还有鱼类3800多种，占世界13%。而这些物种50%以上都在各类森林中栖息繁衍。在这些物种中，许多是我国特有的或主要分布在我国的，如全世界雉类有 276 种，我国就有 56 种，占 20%，其中 19 种为我国所特有。属于我国特有的高等植物 17 300 种，占我国高等植物总种数的 57.7%；脊椎动物 667 种，占我国脊椎动物总种数的 10.5%。

由于我国受第四纪冰川影响较小，因此至今保存着有"活化石"之称的大熊猫、扬子鳄、白鳍豚和水杉、银杉、银杏、苏铁等物种。我国生物区系起源古老。例如，松杉类植物出现于晚古生代，在中生代非常繁盛，第三纪开始衰退，第四纪冰期分布区大为缩小，全世界现存的 7 个科中，中国有 6 个科。被子植物中有许多古老或原始的科属，如木兰科的鹅掌楸、木兰、木莲、含笑属，金缕梅科的蕈树、假蚊母、马蹄荷、红花荷属，山茶科，樟科，八角茴香科，五味子科，蜡梅科，昆栏树科及中国特有科水青树科，伯乐树（钟萼木）科等，都是第三纪的残留植物。另外，我国有乔灌木树种 8000 余种，其中乔木 2000 多种，灌木 6000 多种。中国的树种大多数在地理成分上为热带、亚热带性质，同时也几乎包括了世界温带分布的所有木本属，如槭、桦、胡桃、鹅耳枥、栎、云杉、冷杉、胡颓子等。还保存了许多中国特有的孑遗种，如石炭纪、二叠纪之前的银杏、中生代至老第三纪的罗汉松、陆均松、三尖杉（粗榧）、红豆杉（紫杉）、穗花杉、白豆杉等。

森林是人类的资源宝库。森林生物多样性是地球上生命有机体经过几十亿年发展进化的结果，它是自然界赋予人类的一笔巨大的资源和财富，它的现实价值和未知潜力为人类的生存发展显示了不可估量的美好前景。人类的生存与发展，归根结底，依赖于自然界各种各样的生物。生物多样性是人类赖以生存的各种有生命资源的总汇和未来工农业、医药业发展的基础，为人类提供了食物、能源、材料等基本需求；同时，生物多样性对于维持生态平衡、稳定环境具有关键性作用，为全人类带来了难以估量的利益。生物多样性的存在，使人类有可能多方面、多层次地持续利用和改造这个生机勃勃的生命世界。丧失生物多样性必然引起人类生存与发展的根本危机。

人类的食物几乎完全取自生物资源。人类作为食物的几十种作物（如大米、玉米、咖啡、菠萝、香蕉和柠檬等），其中有一半是从热带雨林植物遗传多样性中由人工选育而来的。人类历史上约有 3000 种植物被用作食物，另有 75 000 种可食性植物，当前被人类种植的约 150 余种，但目前人类 90% 的粮食来源于约 20 种植物，仅小麦、水稻和玉米 3 个物种就提供了 70% 以上的粮食。自然界有动物 150 多万种，人类用来提供动物性营养的畜禽也只有十几种。尚有大量动植物物种的价值还未被发现或开发。

森林生物多样性与人类医疗保健的关系密切。野生生物作为人类祖先的医药宝库，使人类在抵抗疾病的过程中获得了生存的机会。发展中国家 80% 的人口靠传统药物进行治疗，发达国家 40% 以上的药物依靠自然资源。尽管现代许多药品是化学合成的，但其原材料却取自野生生物。美国 1/4 的药物中包含有活性植物成分。中国利用野生生物入药已有数千年历史，记载的药用植物有 5000 多种，其中 1700 种为常用药物。相当多的动物提供了重要的药物，如水蛭素是珍贵的抗凝剂，蜂毒可治疗关节炎，某些蛇毒制剂能控制高血压，斑蝥素可以治疗某些癌症。此外，一些动物还是重要的医药研究模型和实验动物。茯苓、冬虫夏草、猴头、灵芝和神曲等微生物或其衍生物很早就是重要的中药材。利用微生物产生的抗生素，已经消灭了天花，霍乱、脊髓灰质炎等疾病得到控制。很多抗艾滋病的药物都是从植物和动物物种中筛选出来的。钟南山教授采用中西医结合的办法，有效地防治了传染性非典型肺炎(SARS)，实际上这都是利用了生物多样性。

森林生物多样性还为人类提供多种多样的工业原料，如木材、纤维、橡胶、造纸原料、天然淀粉、油脂等，甚至世界主要能源石油、煤和天然气都是由森林储藏了几百万年前的太阳能形成的。

1.3.3 人类的精神家园

家园意识是人类历史发展的长河中形成的一种与生俱来的集体情感。家园意识的内涵分为两个方面：一是人与自然生态的关系，主要是人与自然的平等对话关系；二是对诗意栖居的精神追求。森林是人类的原始家园，虽然在文明的进程中人类离开了原始的栖息地，但对森林的"家园情结"却久久地积淀于人类的精神世界。尤其是当文明社会越来越暴露出矛盾冲突的时候，就更加引发了人类对森林家园的思古幽情，作为原始家园象征的森林，便成为人们摆脱精神困境、寻找身心自由的精神憩园。

在人类漫长的历史上，作为一个极具象征性的意味深长的符号——森林，它反反复复凸现于各种文化史料中。森林是人类的原始家园，人类最早生活在森林里，人类的命运一开始就与森林结下了不解之缘。原始时代，人类构木为巢、依林而居、采撷而食，大森林庇护人类走出蛮荒的远古。随着文明的发展，人类离开了原始的栖息地，但森林意趣却久久地积淀于人类的精神世界。无论是宗教世界对树木的祭祀与崇拜，还是文学世界对森林意境的诗意吟唱，都寄托着人类的远古梦想和神秘感情。森林已不仅仅是独立于人类之外的植物世界，而是富有文化意味的精神家园。

中国人的家园意识中总有森林情境的存在。《诗经·小雅·鹤鸣》谓："鹤鸣于九皋，声闻于野。鱼潜在渊，或在于渚。乐彼之园，爰有树檀，其下维萚。他山之石，可以为错。"这里的"乐彼之园，爰有树檀"是"乐园"一词的最早出处，而有意味的是"乐园"这个词一出现就与森林联系在一起，乐园所在即"爰有树檀"的地方，从诗人那里我们感受到森林家园的宁静、温馨、悠远的原始意味。温馨的家园感受，也弥漫于古代诗人笔下的森林意境里。晋陶渊明有诗云："蔼蔼堂前林，中夏贮清阴""孟夏草木长，绕屋树扶疏"；唐贾岛有诗云："树林幽鸟恋，世界此心疏"；宋陈师道亦有诗云："人声隐林梢，僧舍绕云根。顿摄尘缘尽，方知象教尊。"这些诗句中都蕴含着漫步林下要消融凡心，与世俗保持距离的思想，这种超然境界的获得得益于宁静的森林意境之启迪和引发。与森林的家园意识相联系的，是森林成为生命自我观照的文化启示。魏晋陆机在《文赋》中说："遵四时以叹逝，瞻万物而思纷。悲落叶于劲秋，喜柔条于芳春。"中国古典文学中对生命兴衰或人生悲喜的感悟，往往是通过森林这个大自然的恒久意象来表现的。

森林家园的另一个文化启示，则在于它引导人们进入审美境界的殿堂。森林家园的审美意象是富有启发意义的，一方面它竭力表现大自然的勃勃生机："东园之树，枝条载荣"，写的是树木的葱茏茂盛；"楚山远近出，江树青红间"，写的是山林色彩斑驳，青红相间；"霜落熊升树，林空鹿饮溪"，表达出一切生命皆尽其天性自由发展的景象。另一方面，这里的生机带给人的不是生命的喧哗躁动，而是生命的沉静悠远，这正符合了精神返璞归真的审美要求："夫物芸芸，各复归其根，归根曰静。"森林的审美意境指向生命的沉静，与大自然的生命律动契合无间，在沉静处吐露生命的辉光。唐王维在《鹿柴》中说："空山不见人，但闻人语响。返景入深林，复照青苔上。"在空寂无人、芳草自碧的森林中引入一缕夕阳的辉光，这一缕辉光不也象征着生命辉光的吐露吗？尽管在森林中也写泉声、回声、鸟鸣声，但那不是世俗的喧闹，而是天籁的自鸣，它带给人的是悠远深长的生命体味和对往古家园的思索。

家园意识是人类灵魂的终极关怀。在现代社会中，由于自然环境的破坏和精神焦虑的加剧，人们普遍产生了一种失去家园的茫然之感，"家园意识"即是在这种危机下提出的。家园意识不仅包含着人与自然生态的关系，而且蕴含着更为深刻的、本真诗意的栖居之意。

家园意识作为一种审美情感，在中外文学史上源源不断地被书写，这个现象值得我们深思。家园意识植根于中外美学的深处，从古今中外优秀美学资源中广泛汲取营养。美国生态学家霍尔姆斯·罗尔斯顿从"地球是人类的家园"的角度出发，论述了生态美学中的"家园意识"。他认为，人类只有一个地球，地球是人类生存繁衍的家园，只有地球才使得人类具有"自我"；因而，保护自己的"家园"，使之具有"完整、稳定和美满"，是人类生存的需要。"我把我所居住的那处风景定义为我的家。这种心情牵动我关心它的完整、稳定和美丽。"人在其中便备感温馨与安全，一旦丧失家园便会产生无根的飘零感。正是这种家园意识，促使人们能够爱惜环境，营造美好和谐的自然和精神家园，从而得以"诗意地栖居"于自然界。

家园意识具有重要的现实价值与意义。家园意识在浅层次上有维护人类生存家园、保护生态环境之意，在当前环境污染不断加剧之际，唤醒更多人的家园意识就显得尤为重要。从深层次上看，家园意识更意味着人的本真存在的回归与解放，即人要通过悬搁与超越之路，使心灵与精神回归到本真的存在与澄明之中。

思考与练习

一、填空题

1. 森林是一个具有_____的组织系统，森林全年转化总生物量为_____亿 t，占全球总生物量的_____%左右，是当之无愧的_____。

2. 现代森林的形成和发展，经历了一个漫长的演化进程，一般分为 3 个阶段，即：_____、_____和_____。

3. 人类文明的 4 个阶段包括_____、_____、_____和_____。

4. _____文明是继工业文明之后人类文明的又一座里程碑。

5. _____是我国热带生态系统保存最完整的地区，素有"植物王国桂冠上的一颗绿宝石"的美称。

6. _____是陆地生态系统的主体，是人类社会赖以生存和发展的最重要的生态系统。

7. 森林对人类生存的价值包括＿＿＿＿＿、＿＿＿＿＿、＿＿＿＿＿和＿＿＿＿＿4个方面。

8. ＿＿＿＿＿具有杀菌、除尘、清洁空气的功能，被誉为"空气维生素和生长素"，对人体健康十分有益。

9. 森林生态系统的植物层次结构，至少可分为＿＿＿＿＿、＿＿＿＿＿和草本层。

二、判断题

1. 我国是世界上唯一文明没有中断的国家。 （　　）

2. 森林生态系统是一个封闭的系统。 （　　）

3. 中国是世界上森林树种最丰富的国家之一。 （　　）

4. 非林地土壤比林地土壤的蓄水性好。 （　　）

5. 森林作为陆地生态系统的重要组成部分，是大气圈—地圈—生物圈这一巨系统平衡的重要因子。 （　　）

三、简答题

1. 简述森林的内涵及特点。

2. 简述中国森林的变化情况。

3. 简述人类文明与森林变迁的历史进程。

4. 简述新时期森林理念的变化。

5. 简述森林对人类的价值。

单元 2 •————————

森林生态

📖 **知 识 目 标**

1. 熟悉森林与环境相互作用的基本规律。
2. 掌握森林环境的概念及生态因子的分类。
3. 掌握森林种群、群落、生态系统的概念。
4. 熟悉森林群落的种类组成及其基本特征。
5. 了解森林群落的发育过程。
6. 掌握森林群落演替的有关概念和过程。

✅ **技 能 目 标**

1. 能进行森林环境调查与分析。
2. 认识本地区森林的类型及分布规律。

📘 **素 质 目 标**

1. 培养亲近自然、热爱自然的人文素养。
2. 倡导敬畏生命，热爱生命。
3. 具备自主学习、团队沟通协作能力，培养敬业奉献、踏实肯干、精益求精的工匠精神。

2.1 森林环境

2.1.1 森林环境与生态因子

组成森林的环境与森林的生存息息相关，其生态因子与森林植物之间关系密切，因此，在研究森林任何现象的时候，必须首先认识和分析森林植物与环境之间的关系。

2.1.1.1 森林环境的概念和特点

森林环境是一个广义的概念，泛指森林生物生存空间的一切因素的总和。森林生物生存空间的因素具有整体性和复杂性等特点，也具有自然属性和社会属性，主要包括阳光、空气、水分、温度、土壤、地形、生物等森林赖以生存的自然环境因素，森林和自然环境的关键特性是需要维持健康的生态关系。森林环境也包括人为环境因素，人为环境因素与自然环境因素相互作用、相互影响、密切相关，构成维持森林环境的部分。因此，森林环境是以森林生物为主体的与其生存空间的一切因素结合而成的复合体。

森林环境是人类自然环境中生物环境的重要组成部分，是地球生物圈的重要成分，也是地球陆地生态系统的主体，森林环境具有以下明显特点。

①整体性。组成森林环境的各要素都有自己的发生发展规律，但它们作为森林环境的有机组成部分而结合在一起时，就形成了相互依存、相互制约、密不可分的整体。对森林环境的认识、保护和开发利用都必须从其整体性出发。忽视森林环境的整体性特点，就会造成森林环境的破坏。

②多样性。森林环境结构复杂、层次繁多，生态、社会、经济功能强大，从多方面多角度显示了它的多样性。森林环境具有生物多样性、遗传多样性、生态系统多样性、景观多样性、环境多样性、人文多样性和生产利用多样性。人类活动只有掌握这种特性，通过多因素、多变量的系统分析，进行最佳的保护和利用选择，才可能高效地发挥森林的潜力。

③时空性。森林环境是特定的时空产物。不同时间和空间结合形成不同功能、不同结构和类型的森林环境。森林环境的时空变化极为明显，不同的地理位置和条件会形成不同的森林环境，同一地理位置的不同海拔高度、不同土壤条件也会形成不同的森林环境。在森林环境的形成和发展过程中，不同的时间，森林环境也会有差异。因此，必须根据森林环境的时空性特点对其进行保护和利用，才能更好地发挥森林的效益。

④有限性。森林环境是在一定的光、热、水、气条件下形成的。在地球上森林环境的分布地区是有限的，一切不具备森林生长条件的地区都不可能有森林。森林环境的有限性要求我们科学地认识森林环境被破坏和耗竭的条件，掌握它的负荷极限，只有这样，才能对其进行有效的保护和持续利用。

⑤可塑性。森林环境有一定可塑性，它像其他生态系统一样，有一定弹性、一定阈值以及一系列的反馈作用，能对外部干扰进行内部结构和功能的调整，以保持系统的自我调节能力。我们把森林这个复杂的生态系统的自我调节能力称为森林环境的可塑性。森林环

境的可塑性是有一定限度的，超过了它的阈值，可塑性就会失去，森林环境就会遭到破坏。人类利用森林环境的可塑性，就是要对森林环境进行定向改造和培育，使其系统结构的功能更佳，提高其经济、社会、生态价值。

⑥公益性。森林环境是自然界最重要的生物库、能源库、基因库、二氧化碳储存库、氧气生成库、绿色水库、天然抗污染的净化器。它对大气圈、水圈、土壤岩石圈和生物圈都具有重要的作用，对人类环境的改善具有良好作用，能造福人类，具有公益性特点。森林环境是人类生存环境不可缺少的组成部分，也是建设人类更加美好生存环境中最积极、最可塑、最活跃的公益因素。

2.1.1.2 生态因子的概念与分类

在环境因子中，对森林植物有作用的因子称为生态因子。生态因子在综合作用过程中的性质是各不相同的，为了便于研究它们的相互关系，掌握它们的作用，将性质相近的因子归纳在一起，通常将生态因子分为气候因子、土壤因子、地形因子、生物因子、人为因子五大类。

（1）气候因子

气候因子可分为光照、温度、水分、大气等，气候因子往往被称为地理因子，因为它们以地理位置(经纬度及海拔高度)为转移，合在一起就体现了该地的气候特征。在气候因子中，光因子又可分为太阳辐射光照强度、光的性质、光照时间等，这些因子对森林植物的生理、生化包括形态、结构、生长、发育、生物量以及地理分布都具有不同作用。温度因子可分为土温、气温、生物学温度、积温、节律性变温和非节律性变温等，它们对植物的生长、发育、引种和地理分布均有很大作用。水分因子由于空气湿度、降水的性质(雨、雪、雾、露、雹)和数量以及季节分配不同而对森林植物有不同的影响。大气的组成、气压、风、天气等因子也对森林植物有一定的影响。气候因子随地理位置和海拔高度的改变而改变，而这种变化均会影响森林的分布和生长。

（2）土壤因子

土壤因子包括土壤的形成、土壤的物理性质、土壤的化学性质、土壤有机质、土壤营养与肥料等。土壤的形成与土壤剖面发育层次、土壤分类与分布相联系，对森林的生长发育及分布产生影响。土壤的物理性质如土壤质地、土壤结构、土壤空隙的不同会影响土壤肥力，从而对树木的生长产生影响。酸碱性不同的土壤，生长着与之相适应的生态类型。土壤有机质、土壤营养与肥料对促进林木生长有重要意义。土壤是气候因子和生物因子共同作用的产物，所以，它本身必然受到气候因子、地形因子和生物因子的影响，同时，也对生长在土壤中的植物、动物发生作用。因此，不同的土壤有其相应的植物和动物。

（3）地形因子

地形因子是指地面沿水平方向的起伏状况，包括山脉、河流、海洋、平原等，以及由它们所形成的丘陵、山地、河谷、溪流、河岸、海岸，以及各种地貌类型。地形因子是间接的生态因子，其本身对生物虽然没有直接的影响，但能通过地形的变化引起光、热、水、肥、气的重新分配，从而影响森林的生长。巨地形中江河的走向和山脉的走向、不同区域的特殊地形地貌对森林的分布有很大的影响，在山地条件下，海拔高度、坡度、坡向、坡位等也是影响林木生长发育的重要因子。

（4）生物因子

生物因子可分为植物因子、动物因子、微生物因子，以及它们所形成的生物联系等。其中，包括森林植物间的生态作用，森林植物与森林动物、土壤微生物之间的相互作用和影响等。植物之间的相互关系，有的是通过争夺资源和生存空间而产生的，也有的是通过改变环境而带来的相互影响；植物为动物和微生物提供食料与栖息地，并由此引起十分复杂的相互关系。

（5）人为因子

人为因子是指人类活动对森林的作用和影响。人为因子作为森林环境的生态因子之一，对森林的营造、保护、开发利用等有着重要的影响和作用，能对森林的发展及人类的生存环境带来正面或负面的影响。随着当前全球对环境保护的重视，我国以生态文明建设、林业生态工程建设为主的新思想、新方向、新举措，转变了过去人们对森林过度开发或破坏的局面，恢复了森林植被，保护了水土资源，改善了农林生产条件，减少了土壤侵蚀，降低了自然灾害的发生率，使生态恶化的局面得到控制，充分体现了人为因子对森林的积极作用，为生态环境建设和林业的可持续发展奠定了良好的基础。

2.1.2 森林与环境相互作用的基本规律

森林与环境之间存在着密切的关系，是一个辩证统一体。各生态因子与森林植物的相互影响过程，虽然是错综复杂的，但却存在着普遍性规律，这些规律是研究生态因子与森林植物之间相互关系的基本观点。森林与环境相互作用的基本规律主要有以下几方面。

（1）生态因子的综合作用

森林环境中各生态因子都不是孤立存在的，每一个生态因子都在与其他因子的相互影响、相互制约中起作用。环境总是多因子的有规律的综合，森林植物的生命活动也是在不断变化着的环境条件中进行的。一个生态因子无论其对森林植物有怎样重要的意义，其作用也只有在其他因子的配合下才能显示出来。例如，当二氧化碳、水和温度条件都适宜时，充足的光照条件可有效地提高植物的光合作用效率，但如果水分不足、光照过强反而会使光合作用效率降低。在生态环境中，某一个因子的变化，又会在一定程度上引起其他因子的变化。例如，光照强度的变化必然会引起大气和土壤温度及湿度的改变，表现出生态因子的综合作用。

（2）生态因子的主导作用

在整个生态环境中，生态因子的作用虽然是综合的，但各个生态因子所处的地位并不一致，对森林植物所起的作用是非等价的。有的生态因子，在一定条件下常对其他生态因子的变化起更大的作用，它们的变化对整个生态环境的变化起着主导作用，引起这些作用的因子称为主导因子。例如，光周期现象中的日照长度和植物春化阶段的低温因子就是主导因子。主导因子并不是绝对的，而是可变的，随着时间、空间而变，随着森林植物的发育年龄而变化。例如，在水分充足的地方，光照条件往往在整个生态环境中起主导作用，而在沼泽地区，水分条件则起主导作用。在林业生产中，造林后两三年内，影响幼林生长好坏的主导因子常常是杂草的竞争，当林分郁闭后，影响森林生长的主导因子往往是林分密度过大而发生营养空间的竞争。

（3）生态因子的同等重要性和不可替代性

生态因子虽非等价，但对植物的生命活动都不可缺少，如植物生长过程中对光、热、水、氧气、二氧化碳和无机盐类等的需要都同等重要。一个因子的缺少不能由另一个因子来替代，否则会引起植物正常生命活动失调，生长受到阻碍甚至死亡，这就是生态因子的同等重要性和不可替代性规律。森林植物要求在其生存环境中，具有它所需要的全部生活物质，无论对所需因子的数量如何，是微量的还是大量的，绝不存在重要性大小的差异。例如，植物对铁元素和稀有元素的需要可能是微量的，但这些微量元素一旦缺少，植物的生命活动就将停止；梨树缺少微量元素锌时，会出现小叶病，因此，它与植物需要量较大的因子，如光、热、水、二氧化碳等相比具有同等的重要性。

（4）生态因子的可调节性和可补偿性

虽然生态因子是同等重要和不可替代的，但在一定情况下，某一因子在数量上的不足，有时可以靠其他因子的加强而得到调节或补偿，从而获得相同的生态效果，这就是生态因子的可调节性和可补偿性。例如，当光照强度不足使植物的光合作用减弱时，提高光照强度当然可以使光合作用提高，增加二氧化碳的浓度也可以达到同样的目的。所谓补偿，也是植物体内的自我补偿，是在生态因子的综合中，某一因子的减弱所引起的生长上的损失，由另一因子的增加所获得的增益加以弥补。

（5）生态因子作用的限制性

尽管生态因子是可调节和可补偿的，但这种调节和补偿作用是非常有限的，超过一定限度后，植物的生长便会受到限制。限制植物生长或生活的任何因子，称为限制因子。自然界限制植物生长的因子很多，不仅矿物养分可以成为限制因子，其他的生态因子如水分、温度、光照、二氧化碳等也都可以成为限制因子。这些生态因子量的变化，大于或小于植物所能忍受的限度，就会导致植物死亡。例如，荒漠地带物种稀少主要受干旱的影响；热带植物不能在北半球的北方生长主要是受低温的限制。

（6）生态因子作用的阶段性

环境中的生态因子不是固定不变的，而是处于周期性的变化之中。植物本身对生态因子的需要也是不断变化的，在不同的年龄阶段和发育阶段要求也不同。换句话说，植物对生态因子的需要是分阶段的。例如，大多数植物发芽所需要的温度比正常营养生长的温度低，营养生长所需要的温度常较开花结实的温度低；光因子是植物生长发育极为重要的因子，但对有的树种来说，在种子萌发阶段光照并不十分重要，幼苗阶段的需光量相对较少，幼树阶段的需光量较大，林分郁闭后，需光量又逐渐减少，林分成过熟时需光量最少，即树木生长的需光量是分阶段的。

（7）生态因子作用的关联性

树种在生活过程中，对外界环境有一定要求，这种特性即是树种的生态学特性。生态因子是综合在一起对森林起作用的，而树种在其系统发育过程中，长期适应的是整个生态环境，而非某一个因子，不同的树种对光、温度、水分和土壤等条件的要求有所不同。因此，树种的生态学特性与各种生态因子之间，存在着有规律的联系和统一，林业生产中的植树造林活动应该强调"适地适树"的原则。例如，松树抗旱能力强，其能与干旱瘠薄的生活环境相联系；喜光树种具有不怕日灼、容易繁殖、生长快、不怕杂草竞争的特性，常常与阳光强烈、温度变化大、杂草繁茂的环境相联系；耐阴树种则完全相反，其抗日灼能力差、生长速度缓慢、对杂草竞争能力弱的特性常常与光照微弱、温度变幅小、杂草稀少的环境相联系。

（8）生态因子作用的指示性

森林和其生活的环境是一个辩证统一体，不同的森林群落能反映不同的环境条件。我国早在西汉时期刘安撰写的《淮南子》一书中就已提出"欲知地道，物其树"的论述，即利用森林植物的生长和变化可指示变化的环境条件。例如，有垂柳生长的地方，常常指示其生长环境的土壤湿度较大；有山茶生长的地方，常常指示其生长环境的土壤为偏酸性；有兰花生长的环境常常偏阴性，且土壤深厚、肥沃。

2.2 森林种群

2.2.1 种群的概念与特征

2.2.1.1 种群的概念

所谓种群，就是指生活在同一地区中，属于同一物种个体的集合。同一物种个体在一定的时间和空间范围内组成一个种群，而不同物种个体则形成不同的种群。如一片森林中所有的云杉组成一个种群，而其他树种组成各自的种群。

种群虽然是许多个体集合而成，但并不是个体的简单组合。种群具有自己独特的性质、结构以及个体与环境间的密切关系，特别是具有自动调节能力，以适应空间和时间上的变化。因此，在一定程度上，种群既反映了构成它的个体的特性，也反映了它所构成的群落的特性。

2.2.1.2 种群的特征

种群虽然是由个体组成的，但不等于个体数量的简单相加，从个体到种群是一个质的飞跃，在群体水平上，表现出新的特征，即种群具有个体所不具备的各种群体特征。

种群的基本特征包含遗传和生态两个方面。遗传方面是指保持种群内个体间遗传内聚力的随机交配，这是种群保持物种独立界限和共享同一基因库的基础；生态方面是指种群的生态特性，这是描述具体种群生态特质的基础，包括空间性质、数量特征、分布性质、物候学特征和节律性、"群居"性质或社会性质、相互关联性质、动力学性质等。

2.2.2 森林种群间的相互关系

2.2.2.1 森林种群的种间关系类型

森林中种群间的相互关系，可以是直接的，也可以是间接的。总的来说，可分为3种情况，即有利的作用、有害的作用和没有明显效果的作用，根据相互作用方式又可分为共生、竞争、他感作用、寄生、捕食等。

（1）共生

①互利共生。互利共生是一种专性的、双方都有利的相互关系。两个种分离时，双方都受抑制。亲缘关系较近的物种之间似乎不形成互利共生关系。互利共生中常见的例子有地衣（藻类+真菌）、菌根（真菌+高等植物）、共生固氮（细菌或蓝绿藻+高等植物）、传粉（昆虫、鸟类、哺乳类+有花植物）、动物传播植物的繁殖体和喜蚁植物。例如，土壤中能被植物吸收的可溶性磷含量低、扩散能力差，常不能满足植物生长的需求，菌根真菌则能为高等植物提供磷，而真菌本身能从高等植物根中获取碳水化合物和其他有机物，或利用其根的分泌物。因此，具有菌根的个体的生长率、生殖率、耐旱能力、抗病能力常明显高于不具菌根的同种个体。

②偏利共生。偏利共生是指有利于一种有机体而对另一种无影响的相互作用。常见的有附生、庇护植物群。

a. 附生。即一种植物定居在另一种植物体的表面，附生植物与被附生植物只在定居的空间上发生联系，它们之间没有营养物质的交流。附生植物可形成一类群落，如温带地区许多树种的树皮上生长的地衣就是一种常见的附生植物；在亚热带地区，空气湿度较大的山地云雾带，树木上可附生大量的地衣或苔藓，形成苔藓林；热带地区，森林中树干上、枝条的顶端、连接处，积累了或多或少有机碎屑，都生长着大量的附生植物，形成"空中花园"。典型的附生植物包括地衣、藓类、蕨类、兰科植物等。

b. 庇护植物群。植物群落中有一些植物种群是其他物种的庇护所，除为鸟兽昆虫提供栖息地以外，一些植物还可庇护其他植物。这些植物通过遮阴降低温度、减缓土壤变干的速率形成优良的小生境，一些植物形成的小生境会成为另一些植物种子萌发、幼苗成长的安全岛。例如，内蒙古东部森林草原的沙丘带，红皮云杉的幼苗往往仅在沙窝中的半干旱灌木丛中出现，庇护者不受损害而受庇护者可从中受益。

（2）竞争

竞争指两个或两个以上的有机体或物种相互妨碍、相互抑制的关系。一般竞争是由于有机体共同利用的资源量出现变化或短缺，如光照强度降低、光质变化、湿度变化、限制水分蒸发、限制养分吸收、土壤表层性质变化、土壤 pH 变化，以及毒性物质分泌等。竞争的结果往往取决于种内竞争和种间竞争的相对大小。如种群的种间竞争强度大，而种内竞争强度小，该种群取胜。反之，若某种群的种间竞争强度小，而种内竞争强度大，则该种群竞争失败。若两个物种的种内竞争均比种间竞争激烈，两物种就可能会稳定共存；若种间竞争均比种内竞争激烈，那就不可能稳定共存。

（3）他感作用

他感作用也称为异生相克，指一个物种或有机体受到另一个物种或有机体所释放的代谢产物的影响，包括促进和抑制。这些代谢产物往往具有选择性，即影响某些特定的物种而不影响其他物种。他感作用是一种典型的偏害作用现象。

（4）寄生

寄生是指宿主植物与其机体上寄生物之间的关系，通常是一种植物生长在另一种植物的体表或体内，从中吸取养分。这是一种偏利关系，宿主植物为寄生植物提供定居空间和营养源，这种以空间关系和营养关系为基础的寄生现象抑制着宿主的生长发育，可能造成不利的影响。但寄生植物与宿主在相互的适应过程中，存在使不利因素减弱的趋势。高等植物中完全依靠宿主的寄生植物（全寄生植物）并不多见，常见的有菟丝子、列当、蛇菰、大花草、帽蕊草等。

（5）捕食

捕食是指一种生物个体摄取其他生物个体的全部或部分为食的关系。狭义的捕食是指食肉动物吃食草动物或其他食肉动物。广义的捕食也包括植食（或草食）。动物为了获得最大的觅食效率在进化过程中发展出了锐齿、利爪、尖喙、毒牙等，运用诱饵、追击、集体围猎等更有利于捕食，被捕食的动物则会利用保护色、警戒色、拟态、假死或地形、草丛和隐藏所等逃避捕食。

2.2.2.2　林分种群调节

一个种群的数量不可能无限制地增长。由于空间和资源的限制，只能达到环境容纳量。此时种群数量还是变化的，即使在稳定条件下也有变化。种群数量最终趋于保持在环境容纳量水平上的现象称为种群调节。

（1）林分种群调节表现

同龄纯林中，可以看到这样的现象：郁闭的林分随着年龄的增长，单位面积林木株数不断减少，林学中把此现象称为森林自然稀疏。林木株数减少的过程中，单位面积林木蓄积量及总生物量不断增加，直到成熟时为止。同一树种生长在基本相似的立地条件上，幼年郁闭阶段种群密度可以差几倍以至几十倍，当林分自然成熟后，密度基本接近即高密度林分，幼年种群密度越大则生长过程中死亡株数越多。一般来说，林分密度大，林内更新差，幼苗幼树少，这一现象在喜光树种组成的林分表现得特别明显，而中性和耐阴树种林分主林层密度大，尽管可能发生较多的幼苗，但幼苗长成大树的概率小。种群密度相差悬殊的同龄林分，产生相近的种子数量，但种子的质量以较稀林分为好，所以经营母树林应保持较低密度。

（2）林分密度调节机制

林分种群调节属密度制约调节。植物与动物不同，自然条件下植物个体只能选择一次生根发芽的立地，长成植株后，再也没有这种选择的机会。当一个树种独占某一生境时，随着个体的生长，对占据的空间和资源的需求增加，林分需要的资源总量不断扩大，林木根系层在单位时间内供应水分和养分的能力有限，这时种群面临两种选择：①减少每株林木获得水分和养分的能力，用每株林木的缓慢生长，保持现有种群数量不变。林木缓慢生长的结果是抵御自然灾害的能力下降，在生态环境大幅度波动情况下（如干旱），种群可能崩溃，如特别稠密的落叶松人工林，生长迅速的10~20龄中，位于山坡上部的林分遇到干旱年份，偶见成片死亡。②不断减少林木株数，保持林分的稳定性，把有限的资源（包括空间)集中到优良个体上。林地土壤的非均一性及微生境的异质性与林木个体遗传性的组合，为林木分化提供了基本条件。生长弱的个体不仅得不到足够的营养物质满足生长发育的需要，而且环境空间也越来越小，适应能力和竞争能力的减弱使它们逐渐死亡；为了保证留存林木的生长不断剔除弱势个体扩大其生长空间，这个过程从林分郁闭起一直到自然成熟始终连续进行。

林分密度调节的核心是自然稀疏，即不断减少林木株数调节生长和繁殖。连续自然稀疏的结果是，林分成熟时，单位面积林木株数较少。虽然林分密度有较大变幅，单位面积上种子产量仍保持相对稳定，林木通过外部形态变化进行调节，如红松成熟前有明显的顶端优势，但成熟时中央顶枝生长渐慢、侧枝加速生长，出现所谓"平头"，增大树冠体积，产生更多的球果，弥补成熟时单位面积林木株数少可能导致的球果产量下降。

(3)影响林分种群调节的因素

森林生长发育到一定阶段才能开始显现林分密度的调节。林分充分郁闭后，发生空间和资源的竞争，密度调节发挥作用。林木生长迅速时期，密度调节表现明显。林分密度越大，营养物质供应越紧张，林木间竞争越激烈，密度调节表现越明显，单位时间死亡林木株数多。相同密度的同龄纯林在不同立地条件上，密度调节发生的时间和强度有差异，如良好的立地条件上，林木生长迅速，旺盛生长的林木需要更多的营养物质和空间，密度调节发生的时间较早，调节高峰出现得早，单位时间死亡的林木株数多。喜光树种形成的林分，自然稀疏早，强度大。

林分密度调节是一种进化适应，当立地条件对林木生长极端不利时，林木生长受到物理环境的强烈抑制，林分始终不郁闭，林木间没有竞争，这时表现不出密度调节，如大兴安岭的水藓落叶松林，当永冻层距地面很近时，土壤温度低，林木生长十分缓慢，林木枝叶稀疏；林木死亡主要受外因作用影响，与林分密度无关，非密度制约因素起主要作用。树种生长在较好的生境上才会出现密度调节，因为此时林分可以郁闭，郁闭后才有密度调节，以使林分密度保持在大体可预测的水平上。

林分密度在林业生产中具有极大的经济意义和现实意义，研究者把注意力集中在确定适宜密度上，以期找出不同树种的各年龄阶段的适宜密度，定量地表示密度与产量的关系，用以指导林业生产。

2.3 森林群落

2.3.1 森林群落的相关概念

森林群落是以木本植物为主体的植物群落。可将其理解为：一定地段上，以木本植物为主的多物种所组成的天然群聚。其由乔木树种与其他植物、动物和微生物等在一定地段上有规律地组合而成。

地球表面的全部植物群落的总和，称为植被。某一地区地表范围内全部植物群落的总和，称为该地区的植被。

2.3.2 森林群落的基本特征

2.3.2.1 森林群落的水平与垂直结构

（1）森林群落的水平结构

群落的水平结构是指群落在水平方向上的配置状况或水平格局，或是指生物种群在水平方向的镶嵌性。在任何森林群落中，环境因素在不同地段上的绝对一致性是不存在的。受土层厚度、土壤湿度、土壤养分、上层林冠的郁闭状况以及小地形等的影响，植物生存环境往往存在着不同程度的差异；同时各种植物本身的生态学特性、繁殖方式、生长发育特点以及它们的竞争能力等方面也各有不同。这两方面因素作用的结果是在群落内的不同地段上，自然地形成由不同的植物种类构成的小组合和小群聚。

（2）森林群落的垂直结构

森林群落都有垂直分化的现象，即不同的植物种占据着地面以上不同的高度，这种现象产生的原因是，森林群落在形成过程中环境条件的逐渐变化，导致对环境有不同需要的植物种生活在一起。另外，不同的植物均有其固定的生长型。一种生长型出现在另一种之上，它们各自占据一定的空间，并以各自的同化器官排列在空间的不同高度上。群落中植物按高度垂直配置，就形成了群落的层次，又称为群落的层次现象。在森林群落中，按植物的生长型，通常可划分出乔木层、灌木层、草本层、苔藓层4个基本层次。

乔木层由高大的乔木树种组成，位于森林群落最上层；灌木层由灌木和在当地条件下不能达到乔木层高度的乔木树种组成，位于乔木层下；草本层位于灌木层之下，由草本植物或低矮的半灌木和小灌木组成；苔藓层一般由苔藓、地衣、菌类组成，位于群落的最下层。

成层结构是自然选择的结果，它显著提高了植物利用环境资源的能力，如在发育成熟的森林中，上层乔木可以利用树冠枝叶表面吸收到充足的阳光进行光合作用；而林冠下为那些能有效地利用弱光的灌木所占据；在灌木层下的草本层能够利用更弱的光；草本层往下还有更耐阴的苔藓层。

2.3.2.2 森林群落的年龄结构

在森林群落中，群落组成包含多种年龄的树木，并形成森林的年龄结构。森林群落的年龄结构是指乔木树种的林木在年龄阶段上的分配状况，它是森林群落结构的重要特征之一。森林的年龄变化贯穿于全部森林生活。乔木树种的生态学特性、种子的生产力以及森林的生物生产力均随年龄的变化而变化。

森林群落按年龄可分为同龄林和异龄林。森林中林木彼此年龄相差不超过一个龄级时，称为同龄林。若超过一个龄级，则成为异龄林。森林的年龄结构取决于树种的生态学特性、立地条件以及森林发生的历史过程。通常，天然林中是以异龄林为主，同龄林往往是处于过渡阶段，缺乏稳定性。

森林的年龄结构也会影响到林木垂直结构的变化。同龄林通常具有水平郁闭的特点（图2-1A），异龄林表现为垂直郁闭的形式（图2-1B~D）。

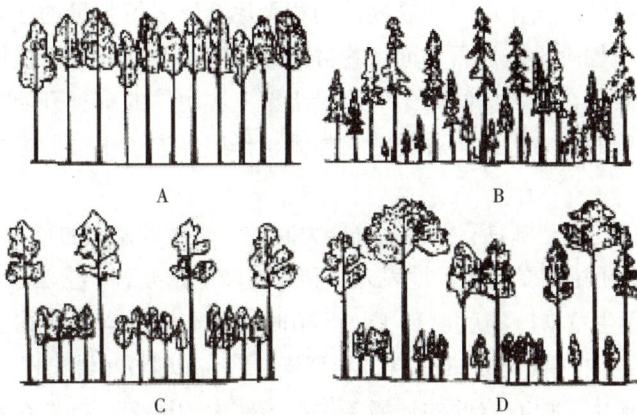

图 2-1 年龄结构与林分垂直结构的关系

A. 同龄林；B. 异龄林；C. 2 个同龄世代的林；D. 3 个同龄世代的林

2.3.2.3 森林群落的外貌

在一定的自然环境条件下，群落表现为一定的外貌；不同的植被类型之间，其外貌特征也是不同的。群落的外貌是群落长期适应外界环境的一种表征。群落的外貌主要由构成群落的物种生活型所决定，且主要由建群种的生活型决定。

植物对于不良环境条件的长期适应而在外貌上反映出来的植物类型，称为植物的生活型。在地球上的不同区域内，冬季和旱季都是植物生活中最严酷的临界期，不同植物在度过这一不利时期时形成了不同的适应方式，因此可将对恶劣条件的适应方式作为生活型分类的基础。具体方法是以植物更新部位(芽和枝梢)所处位置为基础加以分类，即根据植物在不利生长的时期，其芽和枝梢所处位置的高低与受到保护的方式和程度，将植物界中的全部高等植物划分为五大类生活型：高位芽植物、地上芽植物、地面芽植物、地下芽植物、一年生植物。

2.3.3 森林群落的演替

森林群落的演替现象是多种多样的，根据演替发生的起源分为原生演替和次生演替；在原生演替中根据演替发生的基质又可分为旱生演替和水生演替；在次生演替中根据演替发展方向的不同又可分为进展演替与逆行演替。

2.3.3.1 原生演替

由原生裸地上开始的植物群落演替，称为原生演替。原生演替顺序发生的各个演替阶段(群落)组成一个原生演替系列。一般采用从岩石表面开始的旱生演替和从湖底开始的水生演替，两个极端的生境类型(旱生、水生)模式，来描述原生演替系列。

(1)旱生演替系列

旱生演替系列从岩石风化开始，裸露的岩石表面生境条件极端恶劣，没有土壤、极其干燥、光照强烈、温度变化大，从这里开始最后形成森林的演替一般经过以下几个阶段。

①地衣植物阶段。裸露的岩石表面，日晒强烈、温度变化剧烈、水分和养分极端缺乏。在这样的严酷条件下，首先出现的植物是地衣，地衣的假根分泌出来的有机酸能腐蚀

岩石表面，加之岩石的风化作用和地衣残体的积聚逐渐形成了少量的土壤，这有利于苔藓植物的出现。地衣植物阶段是岩石表面植物群落原生演替系列的先锋植物群落。

②苔藓植物阶段。在地衣植物聚集的少量土壤上，耐旱的藓类开始定居生长，它们较地衣高大，聚集土壤的能力很强，藓类的强烈固土作用促进了土壤的形成，加速母质向土壤的转化。

③草本植物阶段。在土壤具有保持水分能力时，一些耐旱喜光的草本植物，如蕨类和一年生植物相继出现，土壤越受庇荫，地表光照和温度降低越显著，土壤条件逐步改善，小气候也开始形成，多年生草本植物就出现了。开始时，草本植物全为高在 30cm 以下的低草，随着条件的逐渐丰富，中草(高 60cm 左右)和高草(高 1m 以上)相继出现，形成群落。

在草本植物阶段中，原有岩面的环境条件有了较大的改变，首先在草丛的郁闭下，土壤增厚，有了遮阴，减少了蒸发，调节了温度和湿度的变化，土壤中真菌、细菌和小动物的活动也增强，生境再也不那么严酷了。

④木本植物阶段。生境的逐渐改善，使木本植物有可能进入群落中定居。首先出现的是一些喜光的灌木，它们与高草混生，形成高草灌木群落，之后灌木大量增加形成优势的灌木群落，继而喜光乔木树种(先锋树种)出现并逐渐形成森林。至此，林下形成荫蔽的环境，使耐阴树种得以定居，并逐渐增多，而喜光树种因不能在林下更新而逐渐消失，最后形成了比较稳定的森林。

在旱生演替系列中，地衣和苔藓植物群落阶段延续的时间最长，能在这种严酷生境下生长的植物种类很少，它们的植株矮小，影响和改造环境的作用微弱，只能随着土壤的发育而发育。草本植物群落阶段演替的速度相对快。而后，木本植物群落演替的速度又逐渐减慢，这是由于木本植物生长周期较长所致。

(2)水生演替系列

水生演替主要是淡水湖泊中的群落演替。湖泊中最充足的是水，而水体中缺乏的是光照和空气。在一般的淡水湖泊中，只有在水深小于 7m 的湖底，才有较大型的水生植物生长，超过这一深度，就是水底的原生裸地了。水生演替系列中有以下的演替阶段。

①自由漂浮植物阶段。在这一阶段中，湖底有机质逐渐聚积，这些聚集物主要是浮游有机体的死亡残体，以及湖岸雨水冲刷所带来的矿质微粒。随着时间推移，湖底逐渐抬高。

②沉水植物阶段。在水深小于 7m 的湖底，常有许多沉水植物生长，如金鱼藻、眼子菜等，它们整个植株都在水中。这些植物死后，死亡体向池塘底沉积，池塘日益变浅，不再适于原有植物生长，让位给适合这种浅水环境的植物。

③浮水植物阶段。当水深 1~3m 时，出现浮水植物，如睡莲、菱角等。这些植物具有地下茎，根扎在水底土中，繁殖很快，有高度堆积水中泥沙的能力；叶子在水面或水面以上，有时密集生长形成水面屏障，加快湖底抬高的速度。

④直立水生植物阶段。水位继续变浅，不适于原有植物生长，而利于直立水生植物生长，如芦苇、香蒲、泽泻等出现。它们的体形更大，根茎更茂密，常纠缠盘结，不仅使湖底迅速抬高，还可形成一些浮岛，在此阶段，原来被淹没的土地开始露出水面和大气接

触，开始具有陆生环境的特点。

⑤湿生草本植物阶段。当水浅到一定程度，干季土面可以露出时，环境已经不适于直立水生植物的生存，被灯芯草、驴蹄菜等喜湿草本植物占据。在比较干燥的条件下，另一些新的植物迁移过来，在干燥气候区域，形成稳定的草原群落；在湿润气候区，则向木本植物群落发展。

⑥木本植物阶段。在上一阶段创造出的环境里，首先有一些耐水湿的乔灌木出现，有时形成茂密的灌丛，它们大量蒸腾水分，使地下水位降低；继而出现湿生木本群落，土壤水分条件进一步改善，腐殖质积累增多、分解良好、肥力增高，中生木本树种逐渐形成森林；最后演变为由耐阴性较强的树种形成的相对比较稳定的森林。

水生演替系列实际上是在植物作用下填平湖沼池塘的过程，每一阶段的群落都以抬高底部而为下一个阶段群落出现创造条件。这种演替系列，经常在一般的湖泊周围看到，在不同深度的水生环境中，演替系列中各阶段的植物群落呈环带状分布，随着底部的抬高，它们逐个向前推进。

演替系列的最后阶段不一定总是木本植物阶段，只在湿润气候区演替系列的后期才会出现森林。例如，在我国年降水量超过 400mm 的东部地区，能够出现大面积天然林；年降水量小于 250mm 的地区，演替往往停留在草本植物阶段。

2.3.3.2　次生演替

在自然条件下，没有受到外界因素和人为因素干扰的森林群落，称为原生森林群落，又称为原始林。原生森林群落受到外界自然因素和人为活动影响后所发生的演替称为次生演替，经次生演替而形成的森林群落称为次生森林群落，又称为次生林。群落的次生演替是目前地球上的植被的普遍现象。

次生演替的最初发生是外界因素的作用所引起的，如火烧、病虫害、严寒、干旱、长期水淹、冰雹打击等，但是最主要和最大规模的，是人为利用植被的活动，如森林采伐、草原放牧和割草、耕地放荒等。下面以温带云杉林皆伐演替、亚热带常绿阔叶林演替为例了解森林的次生演替。

(1)温带云杉林皆伐演替

云杉林是温带地区的一个主要森林群落类型，在我国北方与我国西部和西南地区亚高山针叶林中也是常见的森林群落。其优势种是没有根萌芽或树基萌蘖的针叶树，因此在针叶林全面皆伐后，其复生过程要经历较多的发展阶段和较长的时间。

云杉林被采伐后，一般会经历以下的演替阶段。

①采伐迹地阶段。采伐迹地阶段即森林采伐时的消退期。在较大面积的采伐迹地上，原来森林内的小气候条件完全改变：地面受到直接的光照，挡不住风，热量很快聚集、又很快散发，形成霜冻等。因此，不能忍受日晒或霜冻的植物就不能在这里生活。原来林下的耐阴或阴生植物消失了，而喜光的植物，尤其是禾本科、莎草科的一些种类到处蔓生，形成杂草群落。

②小叶树种阶段。云杉是生长慢的树种。它的幼苗对霜冻、日灼和干旱都很敏感，很

难适应迹地上已经改变了的环境条件。新的环境更适合于一些喜光的阔叶树种(如桦树、山杨等)的生长，它们的幼苗不怕日灼和霜冻，因此，在原有云杉林所形成的优越土壤条件下，它们很快地生长起来，形成以桦树和山杨为主的群落。当幼树郁闭起来开始遮蔽地面的时候，太阳辐射和霜冻从地面移到林冠上；同时，郁闭的林冠也抑制和排挤其他的喜光植物，使它们开始衰弱，直至完全死亡。

③云杉定居阶段。此时桦树和山杨等上层树种缓和了林下小气候条件的剧烈变动，又改善了土壤环境，因此，小叶树种林下已经能够生长耐阴性的云杉和冷杉幼苗。最初这种生长是缓慢的，到30年左右，云杉在桦树、山杨林下形成第2层。又由于桦树、山杨林天然稀疏，林内光照条件进一步改善，云杉逐渐伸入上层林冠中。虽然这个时期山杨和桦树的细枝随风摆动时会撞击云杉、击落云杉的针叶，甚至有一部分云杉因此而具有单侧树冠，但云杉继续向上生长。一般当桦树、山杨林长到50年时，许多云杉已伸入上层林冠。

④云杉恢复阶段。一定时间后，云杉的生长超过了桦树和山杨，组成了森林上层。桦树和山杨因不能适应上层遮阴而开始衰亡。到了50~100年，云杉终于在上层形成严密的遮阴，在林内形成紧密的酸性落叶层，致使桦树和山杨不能更新，这样就又形成了单层的云杉林，其中混杂着一些遗留下来的山杨和桦树。

可是，复生并不是复原，新形成的云杉林与采伐前的云杉林，只是在外貌和主要树种上相同，但树木的配置和密度都不同了。此外，桦树、山杨留下了比较肥沃的土壤(落叶层较软、土壤结构良好)，其腐烂的根系还在土壤中形成了很深的孔道，这就使得新长出的云杉能够利用这些孔道伸展根系，从而改变了云杉浅根系所导致的易倒伏性，获得了较强的抗风力。

(2)亚热带常绿阔叶林演替

长江中下游地区属亚热带常绿阔叶林带，地带性顶极群落由多种耐阴的常绿阔叶树种组成，主要有石栎属、阿丁枫属，以及樟科、山茶科、木兰科和杜英科的一些种类。在自然条件下，群落表现不出显著的森林演替。但由于长期的人为活动，这种常绿阔叶林已很少分布。

耐阴的常绿阔叶林经反复破坏，常被下列林分所替代：以木荷、南岭栲、青冈栎、苦槠等为主要组成种的常绿阔叶林，发生在较差立地条件上的马尾松林，或喜光常绿阔叶林与马尾松的混交林。若再经严重破坏，则乔林转成灌丛，灌丛久经樵采、烧山，逐渐消失，出现高草群落。若继续破坏，如割草、挖草皮、烧垦，则退化到低草群落。再经无节制地反复严重破坏，植被逐渐稀疏消失，坡地引起水土流失，成为不毛之地。

亚热带常绿阔叶林区还有两个重要森林类型：毛竹林和杉木林。毛竹的地下茎具有很强的无性繁殖能力，常绿阔叶林遭到破坏后，易形成毛竹林，并以无性繁殖方式，每年逐步扩展其分布面积，与马尾松、阔叶树、杉木形成各种混交林。因受高度限制，毛竹在混交林中居于次要地位，但毛竹的侵入，时常使杉木生长不良。毛竹林是不稳定的，停止破坏仍可恢复到耐阴的常绿阔叶林。杉木林是人工栽培的，具有不稳定性，处于演替阶段，一旦失去经营，可再度转变为常绿阔叶林。常绿阔叶林被采伐破坏后，具体的演替过程有以下几种模式。

①草本群落演替模式。由铁芒萁、蜈蚣草、白茅等为主所组成的低草群落，在自然条件下发展为由芒、野古草、蕨等组成的高草群落。它具有较高的土壤肥力。高草群落中常混有灌木，如檵木、白檀、金樱子等，并可发展为灌木丛。灌木常见组成种为黄瑞木、檵木、山苍子、新木姜子，以及较小的杜鹃、乌饭树、紫金牛等。

②混交林演替模式。草坡或灌丛通过自然发展或造林都可能演替为马尾松林、毛竹林、杉木林或者为阳性阔叶树的混交林；生长在干燥贫瘠坡地、山脊的马尾松林，伴生的灌木种很少，草本层也很单调，其他树种也很难侵入，因而能形成较稳定的状态。而在立地条件较好的马尾松林中，则有较多的乔灌种，如青冈栎、木荷、栲、枫香等，演替进展迅速，向针阔混交林过渡，最后发展为稳定性高的常绿阔叶林。杉木林经过几轮采伐更新后，地力渐衰。在残破林相杉木林弃荒地上，马尾松侵入而发展成第一林层，随后林下发生阔叶树幼苗幼树，逐渐形成以阳性阔叶树为主的针阔混交林，最后仍发展成稳定的常绿阔叶林。毛竹的地下茎具有强大的无性繁殖能力，因此能在荒草坡或灌丛地上形成毛竹纯林。同时，毛竹也又可以侵入杉木林、马尾松林及阔叶林中而形成混交林。

③常绿阔叶林演替模式。针阔混交林、竹阔混交林、阳性常绿阔叶混交林均为其演替阶段，稳定性不高，最终都将发展到耐阴树种构成的常绿阔叶林。

亚热带常绿阔叶林区，具有良好的气候条件，进展演替速度快，因此只要破坏因素消除，无论处在哪一个演替系列阶段上，森林演替总是明显向着稳定性高的群落发展。

2.3.3.3 植被的恢复与重建

大面积植被破坏加剧了生态系统的退化，究其原因，多数是对原有植被资源的过度利用导致的，也有的是对土地的利用方式不当，造成土地裸露、引发水土流失。规模由小到大，强度由弱到强，其结果是资源匮乏、土地贫瘠、水源枯竭、环境恶化、严重影响人类社会的发展。因此，必须恢复与重建植被。

摸清基本情况是采取正确治理措施的基础。一般说来，在环境条件较好，而植被破坏程度较轻或较零散的地区，可以采用封闭的方式，停止继续干扰，开始群落的恢复性演替，这就是多山地区所采用的"封山育林"。如果受破坏地区周围尚有保存较好的原生植被，则自然恢复的速度会加快。这种方式在天然林轮伐和草场轮牧中已充分运用。如果破坏十分严重，就要进行植被重建，以人工手段植树造林种草以恢复植被覆盖。在植被重建中，选择适宜的植物种类是一个关键问题。在多数情况下，如果荒山荒地面积很大，水土流失严重，一般都是选用喜阳耐旱和速生快长的乡土树种，进行播种或育苗移栽，保证成活后，在天然状况下经历群落的次生演替。即首先解决从无到有的问题，然后逐步改造次生林，提高群落的质量以增强其保持水土、改善环境的能力。

群落的演替是组成群落的植物生活型的更替和植物环境的形成过程，是改善环境的重要手段，却不可能一次到位。因此，无论是采用半天然恢复还是人工恢复，都要以提高群落质量为目标，逐步实施。这就要求按时检查和动态管理，发现问题及时采取措施。

近年来为保护大中型水源地和淡水湖泊，湿地建设与保护受到高度重视。湿地是一大生态系统，它能过滤和降解污物以提供清洁淡水，也可使得空气清新，被喻为"地球的肾"。湿地又是许多鸟类的栖息地，保护湿地也是保护生物多样性的必要措施之一。我国已将大江源头湿地划为自然保护地。针对大中型湖泊周边湿地被用于农耕而消失的情况，我国已实行"退耕还湖"措施建设湿地；对城市和农田的进湖污水采取处理后通过湿地再进入湖泊的辅助手段；在湖泊周边山坡造林防止水土流失等系列措施保护湖泊周边湿地。湿地重建能有效保护当前匮缺的淡水资源。

经济发展离不开资源，而资源的利用不当必定影响和改变环境。因此，植物资源的成规模开发利用和自然保护经常是一对矛盾。如何平衡好经济发展与自然保护之间的关系，做好生态保护已成为社会普遍关注的问题。

2.4 森林生态系统

2.4.1 森林生态系统的概念及特点

2.4.1.1 森林生态系统的概念

生态系统是指在一定时间和空间范围内，由生物群落与其环境组成的一个整体，该整体具有一定的大小和结构，各成员借助能量流动、物质循环和信息传递而相互联系、相互影响、相互依存，并形成具有自组织和自调节功能的复合体。例如，地球上的森林、草原、荒漠、湿地、海洋、湖泊、河流等，它们不仅外貌有区别，生物组成也各有其特点，其中的生物和非生物构成了一个相互作用、物质不断循环、能量不停流动的生态系统。

森林生态系统是指森林生物群落与其环境在物质循环和能量转换过程中形成的功能系统。简单地说，就是以乔木树种为主体的生态系统。森林生态系统和别的生态系统在本质上并无差异，能量都源于太阳，生态系统内部也都进行着类似的能量转换与物质循环。

2.4.1.2 森林生态系统的特点

森林生态系统与其他生态系统比较，具有下列主要特点。

①森林生态系统是地球上陆地生态系统中最大的生态系统。它几乎占据陆地面积的 1/3，生物量可达 190~400t/hm²（干重），为农田和草原植物群落的 20~100 倍。

②森林生态系统是以多年生乔木树种为主体的植物群落。树木寿命比其他植物群落都长，少则几十年，多则几百年，甚至上千年。因此，其对环境影响是持续而巨大的。高大的树干、树冠可达几十甚至上百米，如此宏大的生态空间，为多种生物种群提供栖息、繁衍的环境，从而成为当今世界物种的巨大基因库，对整个生物圈有着不可估量的影响。

③森林生态系统随时间和空间变化而具有自身发生、发展、演替的动态规律。掌握这些规律将有助于我们合理利用自然资源，为改善人类生存环境、保障农牧业生产做出有效的调控决策。

④森林生态系统不仅是为人们提供木材、多种林产品和各种生物资源的基地，也是一

种可供反复利用的清洁再生能源，更具有重要的经济生态效益。例如，森林能够涵养水源、保持水土、防风固沙、吸收二氧化碳、制造氧气、吸附尘埃、净化大气、降低噪声、改良土壤、调节气候、减免自然灾害、保障农牧业生产和人类生活的安全。

⑤森林生态系统还具有点缀风景、美化环境、增进人们身心健康的社会公益效益。随着生产建设的发展和科学技术的进步，越来越多的人更加重视森林的社会公益效益的发挥。在整个生物圈的物质循环、能量转换过程中，以及在自然界的生态平衡维持中，森林都具有特殊地位。

2.4.2 森林生态系统的组成

森林生态系统是由生物成分和非生物成分两部分组成的。

（1）生物成分

生物成分包括种类繁多的植物、动物和微生物。依据其功能，可划分为生产者、消费者和分解者3种基本成分。

①生产者（自养生物）。主要指绿色植物，也包括其他能进行光合作用或进行化能合成的细菌。在森林生态系统中，生产者主要是乔木、灌木及草本植物、苔藓、地衣等。乔木树种在其中起主导作用，它决定着森林生态系统生产力的高低及各种特性，是划分森林生态系统的主要依据。乔木树种和其他绿色植物吸收水分、二氧化碳和其他营养元素，借助太阳光将这些无机物转化为有机物，同时释放出氧。这是生态系统"建造"的基础，被其他生物直接或间接消费，因而又把绿色植物称作初级生产者。它们把所生产的产品，一部分供自身的生长和代谢利用，另一部分维持着整个森林生态系统中除生产者外的全部有机体活动，包括草食动物、肉食动物、杂食动物和微生物。

②消费者（异养生物）。主要指各种动物，森林生态系统中主要是鸟、兽和昆虫等，它们直接或间接以植物为食。根据它们的食性可区分为草食动物，或称一级消费者，如食草昆虫、鹿、兔等；肉食动物，又称二级消费者，它是以草食动物为食的动物，也可称为一级肉食者，如捕食昆虫的鸟类、狼、狐狸等；此外，以一级肉食者为食的食肉动物，称为三级消费者或二级肉食者，如老鹰、老虎等。

③分解者。又称还原者，也属于异养生物。主要指细菌和真菌，也包括某些原生动物和腐食性动物（如枯木的甲虫、白蛾、蚯蚓和某些软体动物等）。它们在生态系统中起着清洁工的作用，把动物有机残体分解为无机物归还到环境中，再被生产者所利用，以完成物质循环、能量流动，在生态系统的功能中具有重要意义。

（2）非生物成分

非生物成分主要有以下3类。

①所有的物理化学因子。阳光、温度、水分、空气、土壤、岩石等。

②无机物质。碳、氮、水及矿质盐类等。

③有机物质。蛋白质、碳水化合物、脂类等。

生态系统的成分按其地位和作用也可划分为基本成分和非基本成分。其中基本成分包括绿色植物（初级生产者）和微生物（分解者、还原者），无机环境诸因子（光、热、水、气、土），这几种是构成任何一个生态系统所必不可少的成分。非基本成分为草食者、肉食者及寄生者等消费者。它们的多少有无对生态系统的根本性质影响不大。各成分间的相互关系如图 2-2 所示。

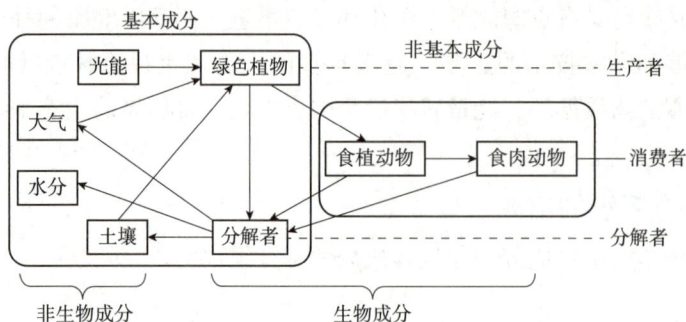

图 2-2 生态系统的基本成分与非基本成分的相互关系

思考与练习

一、填空题

1. 根据树种组成，可将森林划分为_____和_____。

2. 森林的层次通常可分为_____、_____和_____ 3 个基本层次。

3. 按照林层或林相一般可将森林分为_____和_____。

4. 森林中生长着一些没有固定层次的植物，如藤本植物、寄生植物和附生植物等，则称其为_____。

5. 按照森林的起源，可将森林分为_____和_____两类。

6. 森林按年龄结构的不同，可以区分为_____和_____。

7. 在森林类别划分中，按主导功能不同将森林划分为_____和_____两大类别。

8. 通常将生态因子划分为_____、_____、_____、_____和_____五大类。

9. 群落的垂直结构，主要指群落_____现象。

10. 旱生演替系列一般经历_____植物阶段、_____植物阶段、_____植物阶段和_____植物阶段。

11. 水生演替系列一般经历_____植物阶段、_____植物阶段、_____植物阶段、_____植物阶段和_____植物阶段。

12. 任何一个生态系统都是由_____和_____两部分组成。

13. 一个完整的生态系统是由初级生产者、_____、_____和非生物物质构成。

14. 森林生态系统是以_____为主体的植物群落。

15. 太阳能只有通过_____的光合作用才能源源不断地输入森林生态系统，再被其他生物利用。

二、判断题

1. 大量树木聚合在一起就是森林。 （　　）

2. 森林是受环境强烈影响的，有什么样的环境，就有什么样的森林。 （　　）

3. 人工林有较规则的株行距，林木分布比较均匀整齐，树种较单纯，多为单纯林。
（　　）

4. 天然林不含人工林采伐后萌生形成的森林。 （　　）

5. 不同树种，龄级期限的长短是不同的，主要是根据树木生长的快慢确定年龄范围。
（　　）

6. 树种的生态学特性与各种生态因子之间，存在有规律的联系和统一。 （　　）

7. 有垂柳生长地方，常指示其生长环境的土壤水湿，表示生态因子作用的阶段性。
（　　）

8. 组成森林群落的种类成分越多，生长型越复杂，其结构也越复杂。 （　　）

9. 高位芽植物的过冬芽位于离地面较高的位置，如乔木和大灌木。 （　　）

10. 物种多样性越丰富，则群落越稳定。 （　　）

11. 原生演替过程始终是进展演替。 （　　）

12. "封山育林"这一营林措施是根据森林群落逆行演替的特点提出的。 （　　）

13. 人类的生产经营活动，是各种次生群落产生的主要原因。 （　　）

三、单项选择题

1. （　　）的树干，一般高大、通直、圆满，自然整枝良好，枝下高长，树冠较小，且多集中于树干上部。

　　A. 林木　　　　　B. 孤立木　　　　　C. 下木　　　　　D. 灌木

2. 森林已不单纯是一个客观存在的自然体，而是与人类息息相关的以（　　）为主体的生物生态系统和环境生态系统。

　　A. 草本植物　　　B. 木本植物　　　　C. 菌类植物　　　D. 藻类植物

3. 在林业生产实践中，森林的组成，主要就是指（　　）的组成。

　　A. 灌木　　　　　B. 草本植物　　　　C. 蕨类植物　　　D. 乔木树种

4. 在我国东南部，植物种类最多、结构最复杂的森林群落是（　　）。

　　A. 寒温带针叶林　　　　　　　　　B. 亚热带常绿阔叶林

　　C. 热带雨林、季雨林　　　　　　　D. 温带针阔混交林

5. 乔木树种的生活型为（　　）。

　　A. 地面芽植物　　B. 地上芽植物　　　C. 地下芽植物　　D. 高位芽植物

6. 森林的层次是指森林中各种植物成分所形成的（　　）。

　　A. 水平结构　　　B. 垂直结构　　　　C. 混合结构　　　D. 营养结构

7. 下列生物不属于生产者的生物是（　　）。

　　A. 杉木　　　　　B. 藻类　　　　　　C. 光合细菌　　　D. 蝉

8. 生态系统的初级生产者主要是（　　）。

　　A. 绿色植物　　　B. 草食动物　　　　C. 肉食动物　　　D. 杂食动物

9. 生产力和生物量最大的生态系统类型是（　　）。

　　A. 草原　　　　　B. 森林　　　　　　C. 农田　　　　　D. 荒漠

10. 森林中以( )的净生产力最高。

A. 热带雨林　　　　B. 常绿阔叶林　　　　C. 落叶阔叶林　　　　D. 针阔叶混交林

11. 影响植被分布的主要气候因子是( )。

A. 热量和光照　　　B. 热量和水分　　　C. 水分和土壤　　　D. 热量和土壤

12. 常绿阔叶林的分布区域是( )。

A. 温带　　　　　　B. 热带　　　　　　C. 亚热带　　　　　D. 寒温带

单元 3 ●────────

森林资源管理

📖 知识目标

1. 掌握森林资源的内涵，理解森林资源管理的重要性。
2. 了解森林资源的数量与质量指标。
3. 了解森林资源管理的技术方法。
4. 熟悉森林资源经济利用的途径。

📘 技能目标

1. 能读懂森林资源统计基础数据。
2. 能评价森林资源的数量与质量。
3. 能看懂森林区划与林业基本图。
4. 能进行林木测定与林分调查的基本操作。

📗 素质目标

1. 树立森林资源可持续利用的理念。
2. 培养森林资源保护意识。

3.1　认识森林资源

3.1.1　森林资源的概念

狭义的森林资源主要指树木资源，尤其是乔木资源。广义的森林资源是林木、林地及其所在空间内的一切植物、动物、微生物，以及这些生命体赖以生存并对其有重要影响的自然环境因子的总称。森林资源按类别上可分为林地资源、林木资源、林区野生动物资源、林区野生植物资源、林区微生物资源和森林环境资源6类。根据利用情况森林资源又可分为直接资源和间接资源。直接资源是指林地资源、林木资源、林中其他植物资源、林中野生动物资源、林中的非生物资源。间接资源主要是指由于森林的存在而产生的环境、气候、观赏、旅游、森林文化等资源及其所伴生的资源。

不同国家、不同国际组织所确定的森林资源范围不尽一致。在联合国粮食及农业组织世界森林资源统计中，森林只包括疏密度在0.2以上的郁闭林，不包括疏林地和灌木林。

我国将森林划定为土地面积大于或等于1亩，郁闭度（森林中树冠对林地的覆盖程度）不少于0.2，生长高度达到2m以上的以树木为主体的生物群落，包括天然林与人工林、符合这一标准的竹林，以及特别规定的灌木林、行数在2行以上（含2行）且行距小于或等于4m或冠幅投影宽度在10m以上的林带。

3.1.2　森林资源的特点

3.1.2.1　地域的辽阔性

森林资源具有地域辽阔、地形复杂、分布不均及种类繁多等特点，受不同的自然条件、经营措施及社会经济条件的影响会形成不同类型的森林资源。森林分布按地理条件表现的地带性（包括水平地带性和垂直地带性）特征，我国自大兴安岭北部至西双版纳和海南岛地区，森林的地理分布按温度带依次划分为：寒温带针叶林带，温带针叶落叶阔叶混交林带，暖温带落叶阔叶林带，北亚热带常绿阔叶和落叶阔叶林带，中南亚热带常绿阔叶林带，南亚热带、热带、赤道带季雨林和雨林带。森林分布呈现明显的纬度地带性（即水平地带性），反映了各森林地带对生境条件的特殊要求及其对各自然地带的依存性和统一性。此外，森林还随山地的海拔高度和坡向等呈垂直地带性分布，如武夷山的黄岗山从山顶向下，垂直分布的植被群落为：中山灌丛草甸、中山苔藓矮曲林、温性针叶树、针阔叶混交林、常绿落叶阔叶混交林、常绿阔叶林。

3.1.2.2　资源的再生性

森林资源是生物资源，是一种可再生资源，利用适当时可实现可持续经营，但如果人类对森林资源的利用超过了其自身的恢复能力（阈值），森林资源也会变成不可再生的资源，甚至最终消失。决定森林资源持续再生的关键要素是正确处理好生长量、蓄积量、消耗量三者之间的关系，蓄积量是逐年生长量的积累，没有一定的蓄积量就不能保证足够的生长量，消耗量是调整生长量和蓄积量的重要因素，消耗量超过了生长量则蓄积量不但不能增加，还会越采越少。因此，必须制定合理的森林消耗量即森林采伐利用量，并根据资源的变化，及时调整森林采伐利用量。而要制定合理森林采伐利用量，就应该调查生长量和蓄积量及其变化趋势，这就需要开展森林资源调查与动态监测管理。

3.1.2.3　功能的多样性

随着科学技术水平和人类对森林认识的不断提高，森林功能多样性已经被人们所认识，森林不仅能提供木材和多种林副产品，而且具有多种生态价值和社会价值，即森林的生态效益、经济效益和社会效益。但当森林所处的地理位置和社会经济发展对生态环境要求不同时，其在国民经济发展中主导地位也不尽相同，这就是所谓的林种不同，因此，要根据森林的主导用途进行林种划分。不同的林种有着不同的营林技术要求，这就需要根据不同的林种编制森林经营方案，只有这样才能实现科学经营。

3.1.2.4　生长的长期性

林木从种植到采伐利用，其生长周期短的需要 5~6 年，如速生桉树林，而长的需要十几年甚至几十年。在这漫长的过程中森林处在不同的生长阶段，有着不同的生长特点，需要不同的营林技术措施，森林的营造培育从开始就要有较长远的计划，即编制森林经营方案，不应随意变更，否则会造成资源的极大浪费。

3.1.2.5　效益的外部性

林业生产不仅能生产有形产品——木材、林副产品，还能生产各种无形产品——生态效益、文化价值。森林生产的有形产品可以通过市场交换实现其价值，而其无形产品还不能完全进入市场实现价值回报。森林所产生的各种生态效益、文化价值均不具排他性，不可能被林业部门独占，而是被全社会共享，即森林效益的外溢性。这就决定了森林具有公益性，而林业生产是社会公益事业。因此，林业生产"产品"具有产业性与公益性的双重属性，需要全社会共同扶持和发展，国家应该投入公共财政资金扶持林业发展。

以上林业生产的特点及其衍生出的一系列林业生产的实际问题，表明林业生产不仅涉及林学技术问题，还关联着社会经济问题，这些问题都需要专门的技术和政策支持解决。当前，以森林资源经营管理学为代表的系列学科研究提出了解决这些问题的技术和方法。

3.1.3　森林资源的数量指标

3.1.3.1　森林覆盖率

森林覆盖率又称森林覆被率，指以行政区域为单位(一个国家或地区)森林面积占土地面积的百分比，是反映一个国家或地区森林面积占有情况或森林资源丰富程度及实现绿化程度的指标，是体现一个国家或地区森林丰富程度的重要指标。

2017 年世界各国森林覆盖率：日本 68.5%，韩国 64.3%，巴西 61.9%，德国 30%，美国 33%，法国 29%，印度 22.9%，中国 21.6%。全球森林主要集中在南美洲、俄罗斯、中非和东南亚。这 4 个地区和国家占有全世界 60% 的森林，其中又以俄罗斯、巴西、印度尼西亚和民主刚果为最，4 国拥有全球 40% 的森林。全世界平均森林覆盖率为 22.0%，北美洲为 34%，南美洲和欧洲均为 30% 左右，亚洲为 15%，太平洋地区为 10%，非洲仅 6%。

森林最多的地区是拉丁美洲，占世界森林面积的 24%，森林覆盖率高达 44%；森林覆盖率最高的国家是南美洲的苏里南，森林覆盖率高达94.6%；森林覆盖率最低的国家是非洲的埃及，仅十万分之一。

中国国土辽阔，森林资源少，森林覆盖率相对较低，地区差异也很大。全国绝大部分森林资源集中分布于东北、西南等边远山地及东南丘陵，而广大的西北地区森林资源贫乏。2020年发布的第九次全国森林资源清查数据显示，全国平均森林覆盖率为22.96%，各省份森林覆盖率数据详见表3-1。我国森林覆盖率仅相当于世界平均水平的61.52%，居世界第130位。

3.1.3.2 森林面积

森林面积是指符合规定森林标准的林分面积，是体现一个地区森林总量的重要量化数据，通常是由一类调查(森林资源清查)或二类调查(森林资源规划设计调查)取得的数据。二类调查是在统计森林面积前先开展森林区划，森林区划完成后，对森林区划的最小单位(小班)进行调查判定是否符合森林的标准，进而统计得出一个地区森林面积的总量，其计算单位通常为公顷(传统上常用亩)。世界银行集团统计数据显示，至2018年年底，俄罗斯是全球森林面积最大的国家，高达8.15亿 hm^2；巴西的森林面积全球第2，约为4.93亿 hm^2；加拿大拥有全球第3大的森林面积，约为3.47亿 hm^2；第4位是美国，森林面积约为3.10亿 hm^2；中国现有森林面积达2.2亿 hm^2，位列世界第5。2020年发布的第九次全国森林资源清查数据显示，全国森林总面积为22 044.62万 hm^2，各省份数据详见表3-1。

表3-1 2020年第九次全国森林资源清查数据

统计单位	森林覆盖率		森林面积		森林蓄积量	
	%	排名	万 hm^2	排名	万 m^3	排名
全国	22.96	—	22 044.62	—	1 756 023	—
北京	43.77	10	71.82	28	2437.36	28
天津	12.07	28	13.64	30	460.27	30
河北	26.78	19	502.69	19	13 737.98	23
山西	20.5	22	321.09	24	12 923.37	24
内蒙古	22.1	21	2614.85	1	152 704.1	5
辽宁	39.24	16	571.83	17	29 749.18	16
吉林	41.49	14	784.87	13	101 295.8	6
黑龙江	43.78	9	1990.46	3	184 704.1	4
上海	14.04	25	8.9	31	449.59	31
江苏	15.2	24	155.99	27	7044.48	26
浙江	59.43	4	604.99	16	28 114.67	17
安徽	28.65	18	395.85	22	22 186.55	19
福建	66.8	1	811.58	11	72 937.63	7
江西	61.16	2	1021.02	8	50 665.83	9
山东	17.51	23	266.51	25	9161.49	25

（续）

统计单位	森林覆盖率		森林面积		森林蓄积量	
	%	排名	万 hm²	排名	万 m³	排名
河南	24.14	20	403.18	21	20 719.12	20
湖北	39.61	15	736.27	15	36 507.91	15
湖南	49.69	8	1052.58	7	40 715.73	12
广东	53.52	7	945.98	9	46 755.09	11
广西	60.17	3	1429.65	6	67 752.45	8
海南	57.36	5	194.49	26	15 340.15	22
重庆	43.11	12	354.97	23	20 678.18	21
四川	38.03	17	1839.77	4	186 099	3
贵州	43.77	11	771.03	14	39 182.9	14
云南	55.04	6	2106.16	2	197 265.8	2
西藏	12.14	27	1490.99	5	228 254.4	1
陕西	43.06	13	886.84	10	47 866.7	10
甘肃	11.33	29	509.73	18	25 188.89	18
青海	5.82	30	419.75	20	4864.15	27
宁夏	12.63	26	65.6	29	835.18	29
新疆	4.87	31	802.23	12	39 221.5	13
台湾	60.71	—	219.71	—	50 203.4	—
香港	25.05	—	2.77	—	—	—
澳门	30	—	0.09	—	—	—

3.1.3.3 森林蓄积量

森林蓄积量是指一定森林面积上所有林木树干部分的总体积，它反映一个国家或地区森林资源的丰富程度，是通过森林资源调查后，由各个林分蓄积量统计取得的。林木树干部分的材积通常是通过测定胸径（根颈部位以上 1.3m 位置处的树干直径）与树高这 2 个数值后，由二元材积表推算得来。

森林蓄积量是体现森林数量的重要指标。2020 年发布的第九次全国森林资源清查数据显示，全国森林总蓄积量为 1 756 023 万 m³，各省份数据详见表 3-1。

3.1.4 森林资源的质量指标

森林资源可以不断地向社会提供大量的物质产品和生态服务（环境产品），发挥生态、社会、经济效益。在生态效益方面，可以起到保持水土、涵养水源、防风固沙等作用；在社会效益方面，森林可以创造大量就业机会，服务林区、振兴乡村，还可提供较好的森林环境供人们参观旅游、娱乐消遣，提升人们精神享受、培育优秀森林文化；在经济方面，可以提供大量木材与林副特产品以满足各行各业的需求。森林资源质量可理解为能为人类提供效益的能力及优劣程度，一般可体现在森林资源的生物学质量、经济学质量与生态学质量等方面，以结构合理、稳定多样、功能强劲、高效丰产、发展持续的森林资源为高质量的森林资源。

3.1.4.1 森林生物多样性

生物多样性是衡量一定地区生物资源丰富程度的一个客观指标，一般来说生物多样性分为遗传基因多样性、物种多样性、生态系统多样性和景观多样性4个层次。森林生物多样性是指森林中动物、植物和微生物种类的丰富性，这种多样性包括物种多样性、物种的遗传与变异的多样性及森林生态系统的多样性。森林生物多样性是森林生态系统稳定与保持多样性的基础，物种之间的协同与竞争的关系，生态系统内能流、物流的循环，生态系统与环境间物质与能量的交换，保证了森林系统内的协调，也保证了森林系统与环境的统一。森林生物多样性使森林生态系统内部有良好的自我调节机制，这种能力越强则森林生态系统越稳定，森林资源在环境保护、维护自然景观、减缓水旱灾害、保持水土、净化空气、涵养水源等方面能力越强，森林的质量也越高。未受到人为干扰的天然原始林多为经过长期的自然选择、进展演替而形成的最适应该地域的顶极森林群落，森林群落越接近顶极群落就越稳定，森林就越健康、越安全，如武夷山国家级自然保护区内的中亚热带常绿阔叶林森林群落就是该区域的顶极原始森林群落，一般来说原始森林要比次生森林的质量好，天然林要比人工林质量好，一个地区其原始顶极群落的森林所占比例越高则说明该地区的森林质量越好。

3.1.4.2 森林结构合理性

森林结构合理性是体现森林质量的重要指标，一个地区(单位)的森林结构合理性包括林种分配、树种结构、年龄结构3个方面的合理。

(1)林种分配合理性

林种分配合理性是指根据区域的自然条件、经济发展及生态安全等方面的要求，本区域合理的森林林种比例有利于协调森林的生态效益、经济效益及社会效益。我国根据森林的经营主要目的来区分森林种类，《中华人民共和国森林法》(以下简称《森林法》)中将森林分为五大类别，即防护林、用材林、经济林、能源林、特种用途林，分别属于生态公益林(地)和商品林(地)两个类别，详见表3-2。

表3-2　林种分类系统表

森林类别	林种	亚林种
生态公益林(地)	防护林	水源涵养林、水土保持林、防风固沙林、农田牧场防护林、护岸林、护路林、其他防护林
	特种用途林	国防林、实验林、母树林、环境保护林、风景林、名胜古迹和革命纪念林、自然保护区林
商品林(地)	用材林	短轮伐期工业原料用材林、速生丰产用材林、一般用材林
	能源林	木质能源林、油料能源林
	经济林	果树林、油料林、特种经济林、其他经济林

生态公益林(地)是以保护和改善人类生存环境、维持生态平衡、保存物种资源、科学

实验、森林旅游、国土保安等需要为主要经营目的的森林、林木及林地。

商品林(地)是以生产木材、竹材、薪材、干鲜果品和其他工业原料等为主要经营目的的森林、林木及林地。

在我国实施的林业分类经营制度中，公益林的建设应遵循森林自然演替规律及其自然群落层次结构多样性的特性，采取针阔混交、多树种、多层次、异龄化与密度合理的林分结构。运用封山育林、飞播造林、人工造林、补植等技术手段，落实管护并举、封育结合，乔、灌、草结合的技术理念，以封山育林、天然更新为主，辅之以人工促进天然更新。公益林建设属于社会公益事业，按事权划分，采取政府为主、社会参与和受益补偿的投入机制，由各级政府负责体制建设管理。

商品林建设应在国家产业政策指导下，广泛运用新的经营技术、培育措施和经营模式，实行高投入、高产出、高科技、高效益，以达成定向培育、基地化生产、集约化规模经营。经营者按市场需求调整产业产品结构，自主经营、自负盈亏。商品林可以依法承包、转让、抵押；转让时，被转让的林木所附的林地使用权可以随之转移。商品林的经营要积极探索森林产权市场交易形式，建立起有利于实现森林资源资产变现、作为资本参与运营的机制。

林业的首要功能就是满足人的生态需求、保障国家的生态安全。随着经济社会发展和生活水平提高，享受良好生态、宜居环境已经成为人们的新期待和新需求。为满足这一需求，要在全社会确立以"生态建设、生态安全、生态文明"为核心的林业战略思想。一个地区森林的林种比例要与当地的自然条件、生态保护要求、经济发展水平及民生发展要求相适应。

第九次全国森林资源清查数据显示，全国范围内按林种划分，防护林面积10 081.92 万 hm²，占全国森林面积的 46.2%；特用林面积 2280.4 万 hm²，占 10.45%；用材林面积 7242.35 万 hm²，占 33.19%；能源林面积 123.14 万 hm²，占 0.56%；经济林面积 2094.24 万 hm²，占 9.6%。

(2)树种结构合理性

林分的树种结构是指林分中树种的组成、数量及彼此之间的关系，在森林资源经营中要以实现森林树种多样化、林分复层化、结构合理化、资源高效化及生态系统丰富化为目标，合理配置森林资源的树种比例，努力提高森林资源质量。我国人工林面积稳居全球第一，从经营的角度，人工造林时树种选择应遵循适地适树、树种多样性、乡土树种优先的原则。

我国幅员辽阔，有着优越的自然地理条件，树种资源十分丰富，但我国在大面积人工造林中多重视速生树种和用材树种(特别是针叶树种)，而忽视乡土阔叶树种(其中有不少是珍贵树种，生长速度较慢)，因此选择的树种通常是杉木、杨树(树种组)、马尾松、桉树(树种组)、落叶松(树种组)、油松、柏木、湿地松、刺槐、栎类(树种组)等。单一树种大面积集中连片造林，会影响森林整体质量和森林多功能效果的发挥。我国人工林中阔叶比例太低，针叶林的比例太高，人工林树种与结构的单一化、针叶化，会损害人工林及其区域生物多样性和生态上的稳定性，如此下去将会导致区域森林环境的退化，带来各种灾害。

(3)年龄结构合理性

任何树种都有特定的生长发育周期，任何生态因子也都有周期(年循环、季循环)，时间结构体现了森林利用资源因子的周期性和树种生长发育周期的关系，森林的年龄结构合理性体现了森林对自然资源的充分利用，使林分生长能持续、稳定和高效地利用自然力。森林生态系统持续稳定的前提条件是使新陈代谢过程不断地保持平衡和畅通，这只有在树木年龄参差不齐的林分(异龄林)中才能实现，异龄林年龄结构合理性体现在不同林龄的树木组成并保持持续稳定，未受人为干扰的天然原始森林多属异龄林，森林的生物量大、系统稳定性好。

对于以人工同龄林为主的经营林区，森林资源年龄结构的合理性表现为各年龄阶段的林分所占的面积较一致，即森林中幼龄林、中龄林、近熟林、成熟林、过熟林的面积基本均衡。因此，由不同年龄的林分组成均衡的经营单位森林龄级结构，有利于森林资源的可持续经营利用。

根据第九次全国森林资源清查数据，全国天然乔木林中幼龄林面积占全国森林面积的60.94%，近熟林面积占16.72%，成过熟林面积占22.34%；人工乔木林中幼龄林面积占70.42%，近熟林面积占14.15%，成过熟林面积占15.43%，均表现为中幼龄林面积偏大，年龄结构不均衡。

3.1.4.3 森林资源高效性

森林资源的高效性体现在森林资源数量水平、生产状况、组成结构等方面，反映森林资源质量高效性的重要指标主要有森林总蓄积量、单位面积森林平均蓄积量或生物量(碳储量)、单位面积年平均蓄积量、林分平均胸径、林分平均树高、林分平均郁闭度、林木生活力及病虫危害程度等具体的指标。其中森林总蓄积量是指一定区域内林分中所有活立木的材积之和；单位面积森林平均蓄积量是将区域内森林的总蓄积量除以林分总面积的值，体现该区域森林的丰富程度；单位面积年平均蓄积生长量是表示林分生产力的指标，体现区域森林的增长速度；林分平均胸径与平均树高则体现林分树木的单株生长水平；林分平均郁闭度则体现森林资源的生长状况；林木生活力及病虫危害程度则体现森林资源的健康状况。

根据第九次全国森林资源调查数据，全国乔木林平均蓄积量为 94.83m³/hm²，不及世界平均水平 110m³/hm²，单位面积年平均蓄积生长量为 4.73m³/hm²，株数为 1052 株/hm²，平均郁闭度为 0.58，平均胸径为 13.4cm。森林资源的乔木林面积中，处于原始或接近原始状态的天然林面积占 20.38%，群落结构完整的面积占 64.95%，处于健康状态的面积占 84.38%，森林生态功能总体处于中等水平。

我国现有天然林面积 13 867.77 万 hm²，占有林地面积的 63.55%，人工林面积 7954.28 万 hm²，占有林地面积的 36.45%。我国人工林面积较大，但林地生产力不高，人工林蓄积量只有 52.76m³/hm²，林木平均胸径只有 13.6cm，林分过疏、过密的面积占乔木林的 36%，林木蓄积量年均枯损量达到 1.18 亿 m³。

3.2 森林资源管理

3.2.1 森林区划

3.2.1.1 森林区划系统

森林面积辽阔，种类繁多，在资源调查之前必须进行地域上的区划，以便于调查统计和分析森林资源的数量和质量，组织经营单位开展营林活动和技术经济核算。森林区划就是将整个林区的森林从地域上划分为若干个不同的单位，以便于调查与经营利用。区划是资源调查规划的基础，我国森林区划系统是将森林在行政区划的基础上进一步划分，不同类别的林区，其森林区划系统有所不同。

我国北方的国有林区，其林业(草)局的森林区划系统为：

林业(草)局→林场(管理站)→林班→小班。

林业(草)局→林场(管理站)→营林区(作业区、工区)→林班→小班。

国家级自然保护区的森林区划系统为：

管理局(处)→管理站(所)→功能区(景区)→林班→小班。

核心区→缓冲区→实验区。

南方集体林区，如福建省多林地区(南平、三明、龙岩)的森林区划系统为：

县(市、区)→乡(镇、街道)→村(居委会)→林班→大班→小班。

而在少林地区(如福州、厦门、漳州、泉州、莆田、宁德)的森林区划系统为：

县(市、区)→乡(镇、街道)→村(居委会)→大班→小班。

3.2.1.2 森林区划方法

南方集体林区的森林区划是充分依据行政区划界开展的森林区划，保证森林区划的县、乡、村界与行政界线的一致性。

我国北方国有林区的林业(草)局属下的林场，是在林业(草)局下划分若干个林场，林地比较分散的地区也可直接划分为独立的林场。林场经营面积一般为 1 万~2 万 hm^2。独立的国有林场经营面积一般为 1 万 hm^2，较大的可达 3 万 hm^2。经过近几十年的经营，我国林场的经营界线已经相对固定，一般将重点放在林班、小班的区划。

林班是将林地划分为若干面积大小比较一致的永久性地段，作为森林经营活动和生产管理的单位，面积大都为 $200hm^2$ 左右，林班区划方法有 3 种。

①人工区划法(图 3-1)。地形平坦的林区把林地区划为正方形或长方形的规整地块，林

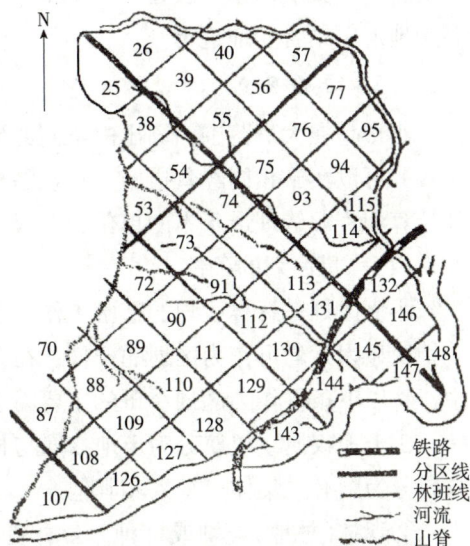

图 3-1 人工区划法(引自于政中，1993)

班线由人工伐开。

②自然区划法。在地形起伏较大且有许多自然界线的林区，利用河流、沟谷、山脊、道路等自然界线或永久性的人工地物作为林班线，林班呈现不规整的图形（图 3-2），如福建省丘陵地区常采用自然区划法。

③综合区划法。在地形平坦处用人工区划法，在地形复杂的山地则用自然区划法，林班形状不求统一（图 3-3）。区划出的林班及埋设林班标桩后，可为长期开展林业生产活动提供方便。

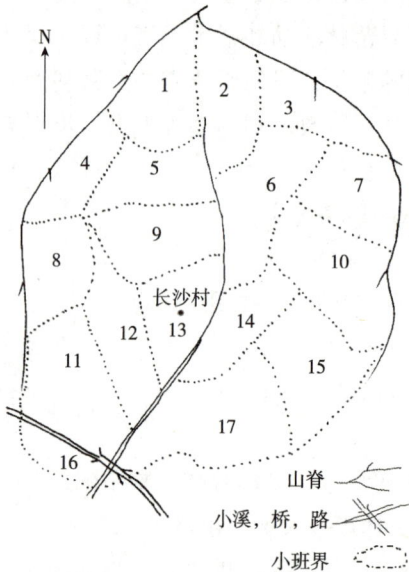

图 3-2　自然区划法

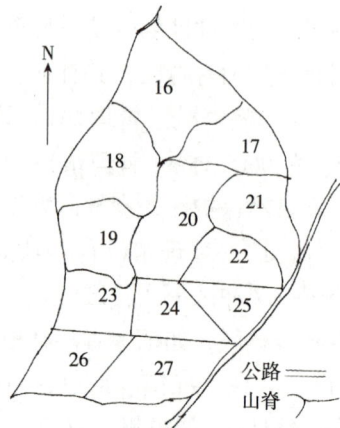

图 3-3　综合区划法

福建省为了便于林地的长期经营与管理，从 1997 年开始在林班范围内又根据明显自然境界线，如山脊线、山谷线或固定小路等进行了大班的区划，进而保证大班区划界线的相对稳定。大班面积一般在 $15\sim30hm^2$（自然保护区内可扩大到 $40hm^2$）。大班的区划通常利用地形图结合实地进行。

3.2.1.3　小班区划

小班是在大班范围内划出的不同的地段（林地或非林地等），在林学特征上一致或基本一致，可以实施相同经营措施。小班是林场内最基本的经营单位，也是调查森林资源、统计计算和资源管理最基本的单位，一般为 $3\sim20hm^2$。

（1）小班区划的条件

小班区划是森林区划的基础工作。小班区划的条件较多，凡是能引起经营措施差别的一切明显因素均可作为区划的条件，在《福建省地方森林资源监测体系抽样调查技术规定》中，将以下条件作为区划小班的主要因子。

①土地权属。权属分为土地权属与林木权属，我国的土地权属分为国有和集体，林木权属分为国有、集体、个人和其他。

②森林（林地）类别或林种。森林资源分为生态公益林（地）和商品林（地）两个类别，我国《森林法》规定可根据森林不同培育目的而区分防护林、用材林、经济林、能源林（薪

炭林)、特种用途林五大林种。

③生态公益林(地)的事权等级、保护等级。生态公益林(地)按事权等级划分为国家公益林(地)和地方公益林(地)。

④林地保护等级。根据我国林地保护等级分级规范,林地保护等级共分为Ⅰ、Ⅱ、Ⅲ、Ⅳ级。

⑤地类。土地类型(简称"地类")是根据土地的覆盖和利用状况综合划定的类型,包括林地和非林地两个一级地类。以 2017 年《福建省森林资源规划设计调查技术规程》中地类标准为例,林地又可划分为 9 个二级地类,15 个三级地类,23 个四级地类,详见表 3-3。

表 3-3　土地类型划分

一级	二级	三级	四级
林地	乔木林地	乔木林地	乔木林分
			乔木经济林
			乔木红树林
	竹林地	竹林地	毛竹林
			杂竹林
	疏林地	疏林地	疏林地
	灌木林地	特殊灌木林地	高山灌木林
			灌木经济林
			灌木红树林
		一般灌木林地	一般灌木林地
	未成林地	人工造林未成林地	人工造林未成林地
		封育未成林地	封育未成林地
	苗圃地	苗圃地	苗圃地
	迹地	采伐迹地	采伐迹地
		火烧迹地	火烧迹地
		其他迹地	其他迹地
	宜林地	造林失败地	造林失败地
		规划造林地	规划造林地
		其他宜林地	暂未利用荒山荒地
			临时占用
			毁林开垦等
			塌方等自然灾害
	林业辅助生产用地	林业辅助生产用地	林业辅助生产用地
非林地	耕地	耕地	耕地
	牧草地	牧草地	牧草地
	水域	水域	水域
	未利用地	未利用地	未利用地
	建设用地	工矿建设用地	工矿建设用地
	城乡居民建设用地	城乡居民建设用地	城乡居民建设用地
	交通建设用地	交通建设用地	交通建设用地
	其他用地	其他用地	其他用地

⑥起源。分天然和人工两大类，天然起源指天然下种、人工促进天然更新或萌生起源；人工起源指由植苗(分殖、扦插)、直播(穴播、条播)或飞播方式形成，包括人工林采伐后萌生形成。

⑦龄组或龄级。林分的年龄表示方式有具体年龄、龄级、龄组3种。

具体年龄通常指人工林分的年龄，为调查年度-造林年度+苗龄，如2000年造林的杉木林分，其2017年调查时林龄为18年(杉木通常采用1年生苗造林)。

龄级是指整化后的林分年龄，杉木、软阔树种等速生树种5年为一个龄级；马尾松、硬阔树种等慢生树种则10年为一个龄级。

不同培养目的林分又根据其采伐利用的年龄，分为幼龄林、中龄林、近熟林、成熟林、过熟林5个龄组。经济林通常根据其产品的生长特性和生长过程划分为产前期、初产期、盛产期和衰产期4个生产阶段。

⑧树种组成。常见树种组成及分类，以福建省为例，详见表3-4。

表3-4　树种分类系统

树种类	树种组	树种名称
针叶树	杉木	杉木、柳杉、福建柏、水杉等
	马尾松	马尾松、黑松、油杉、火炬松、湿地松、黄山松(台湾松)等
阔叶树	硬阔树种	槠类、栲类、栎类、木荷、相思树等
	软阔树种	枫香、泡桐、拟赤杨等
	木麻黄	木麻黄
	桉树	柠檬桉、窿缘桉、巨桉、巨尾桉、尾叶桉等
竹类	毛竹	毛竹
	杂竹	刚竹、雷竹、黄甜竹、麻竹、绿竹、苦竹、箬竹等
红树林	红树林树种	秋茄、白骨壤、桐花树、红海榄等
经济林	果树类	板栗、锥栗、柑橘、柚、龙眼、荔枝、橄榄、桃等
	药材类	杜仲、厚朴、南方红豆杉、雷公藤等
	食用原料林类	油茶、茶叶、肉桂等
	林化工业原料类	橡胶树、油桐、乌桕、无患子等
	其他经济类	蚕桑等

⑨林分郁闭度。商品林郁闭度相差0.20以上，生态公益林(地)相差一个郁闭度级，灌木林地相差一个覆盖度级可区划为不同小班。

⑩经营类别。

凡符合上述条件之一，面积达到规定要求的，都可单独区划调绘小班；小班区划的标准常根据经营水平的提高而更加详细。

(2)小班区划方法

①用航空像片(或卫星像片)判读勾绘。在一定比例尺的航空像片(或卫星像片)上，

在室内借助立体镜对其进行判读。根据航空像片(或卫星像片)上的影像和其他判读因子如色调、树冠大小、形状和密度等,区别地类和林分特征的差异,用绘图钢笔勾绘小班的轮廓线。

②利用地形图现地勾绘。在没有航空像片(或卫星像片)的地区,利用已有比例尺的地形图或平面图,采取深入林区现地对坡目视勾绘的方法,将小班轮廓线在地形图上勾绘出来,并在森林调查时深入林分内校核修正小班轮廓。

③实测法。根据小班区划条件,在现地直接用测量仪器(罗盘仪、全站仪等)测量小班界线,绘制成图并按要求进行小班编号与面积求算。

小班面积根据森林情况和经营水平确定,一般为 $3\sim20hm^2$。最小的小班面积确定应以小班的轮廓形状能在地形图(或基本图)上表示出来为原则。生态公益林小班面积可适当放宽,但一般不应大于 $35hm^2$。小班的编号通常在一个大班范围内,按照自上而下、从左到右顺序连续编号。

3.2.1.4 *林业用图*

林业用图是森林区划工作的主要成果,是完成森林区划后将森林区划界线及森林调查的各种数据形象地反映在图面材料上,是林业生产单位开展经营活动不可缺少的重要材料。当前林业用图主要有林业基本图、林相图、森林分布图等。

(1)林业基本图

林业基本图是森林区划的基础区划图(图3-4),是计算林地面积、编绘林相图和其他林业专业用图的基础性图面资料,以林场或乡(镇)为绘制单位,其比例尺依据森林经理等级决定,福建省林业基本图的比例尺常为 1∶10 000。林业基本图的绘制通常以国家最新出版的地形图为底图,补充绘制森林区划的境界线(林草局、林场、营林区、林班、大班、小班等)、地形地物(山脊、河流、道路、居民点等)主要测量标志,注明林班、大班和小班的面积及编号、公里网及图廓外的注记等,同时利用森林调查的成果注明森林资源基础数据。电子版的林业基本图则与森林资源数据库相关联,可直接查询小班的基础数据。

(2)林相图

林相图以林业基本图为底图编绘而成,其比例尺一般要求小于或等于林业基本图比例尺,同一林业局各林场的林相图的比例尺应相同。林相图反映了林场各小班的地域分布,通过林相图可以看到各小班的树种、树龄的分布情况。在林相图上,有林地小班要按优势树种着色,树龄不同着色深度不同,并在图上注记各小班主要调查因子。

(3)森林分布图

森林分布图是以林相图为底图缩绘而成,编绘单位可为当地林草局或独立的国有林场。其比例尺一般小于林相图。森林分布图的图幅以能够在一张图纸上定位、完整容纳林业局或独立的国有林场为准。森林分布图的主要内容除了不绘制小班界和等高线外,其余均与林相图同。

在林业基本图的基础上,又可绘制土地利用现状图、森林土壤分布图、森林植被分布图、森林主要病虫害分布图、森林防火设施图、林业区划图、造林规划设计图、造林作业

图 3-4　林业基本图

设计图等。近年来，随着计算机技术、信息技术和地理信息系统的迅猛发展和全面普及，采用地理信息系统来制作林业电子用图的方法已经被广泛使用。

3.2.2　森林资源调查

3.2.2.1　森林资源调查概念

森林资源调查就是对林业的土地进行其自然属性和非自然属性的调查。自然属性主要是指森林资源状况；非自然属性包括森林经营历史、经营条件及未来发展等方面。其目的是摸清森林资源的数量与质量，为制定林业方针政策，编制国家、地方和生产单位的林业区划、规划和计划，实现森林资源的合理经营、科学管理和永续利用及发挥森林的多种效能，提供可靠的基础资料。查清森林资源是开展林业生产的先决条件，能有效避免营林和计划工作的盲目性及被动性。

森林资源调查的任务是，及时查清、查准森林资源的数量和质量，掌握其生长、消亡的比例关系和动态变化规律；客观地反映经济、自然条件，并进行综合评估，提出全面、准确的森林资源调查资料、图面材料、统计表格及调查报告。

3.2.2.2　森林调查基础知识

森林是由林分组成，林分是指内部特征大体一致且与邻近地段有明显区别的森林地块。一个地区的森林，可以根据树种的组成、森林起源、林相、林龄、疏密度、林型等因子的不同，划分为不同的林分。林分又由许多树木组成，因此要了解森林调查应先理解林木、林分的调查内容。

（1）林木调查

林木是森林调查的基本对象，林木的调查主要因子为胸径、树高、材积等。

①胸径。林木直径是指树干横断面外缘两条相互平行切线间的距离，林木直径常用 D 表示，其记录单位为厘米（cm）。林木的胸径特指根颈向上树干 1.3m 处（即距离地面 1.3m）的直径，坡地时以树干坡上方 1.3m 处为准，1.3m 与成人的胸高位置相近，因此称为胸高直径，简称为胸径，常用 $D_{1.3}$ 表示。

测量胸径的工具主要有围径尺、轮尺，由于林木数量较多，其直径的测量记录常采用径阶整化方式记录。径阶整化的组距通常采用 2cm 或 4cm，用上限排外法划分径阶，各径阶代表的范围见表 3-5。

表 3-5　林木直径的径阶范围

径阶整化组距为 2cm		径阶整化组距为 4cm	
径阶	径阶范围（cm）	径阶	径阶范围（cm）
2	1.0~2.9	4	2.0~5.9
4	3.0~4.9	8	6.0~9.9
6	5.0~6.9	12	10.0~13.9
8	7.0~8.9	16	14.0~17.9
10	9.0~10.9	20	18.0~21.9
12	11.~12.9	24	22.0~25.9
……	……	……	……

如测得林木一个断面的实际直径为 10.9cm，按 2cm 整化时应记作 10cm 径阶；按 4cm 径阶整化时记作 12cm 径阶，必须注意每次调查工作只能采用一种组距进行整化。

②树高。树高指树木从根颈到树干梢顶之间的距离或高度，是表示树木高矮的调查因子。伐倒树木的任意长度均可以用皮尺直接测定，而立木的高度在 2m 以下，也可以简单测定，高度超过 2m，必须借助一定的测高仪器来测定，常用的测高仪器有布鲁莱斯测高器、克里斯登测高器、激光测距（高）仪等，也可直接采用测量塔尺或测杆进行。树高通常用 H 表示，其记录单位为米（m）。

③材积。材积是树木木材体积的简称，类别形态上包括立木、原条、原木、板方材等的体积，广义的材积还包括枝桠、伐根等。树木经济利用的主要部分是树干，因此在森林调查时，其树木的材积通常是指树干部分的材积。树木材积测算以单株林木为对象，全林分所有树木材积的总和称作林分蓄积量，简称蓄积。森林蓄积是森林调查及经营利用的基本数量指标。材积通常用 V 表示，蓄积通常用 M 表示，其记录单位为立方米（m³）。

立木材积在立木状态下，是通过立木材积三要素（胸高形数、胸高断面积、树高）计算。一般是测定胸径或胸径兼树高，采用经验公式法计算材积，或查找一元（胸径）材积表（表 3-6）或二元（胸径与树高）材积表（表 3-7）来计算材积，只有在特殊情况下才增加测定一个或几个上部直径精确求算材积。

表3-6　福建省南平地区杉木一元材积表

径阶(cm)	6	8	10	12	14	16	18
材积(m³)	0.0072	0.0169	0.0319	0.0532	0.0813	0.1168	0.1602

注：一元材积表只考虑材积依胸径的变化，但在不同条件下，胸径相同的林木，树高变幅很大，对材积颇有影响，因此一元材积表一般只限在较小的地域范围内使用，故又称为地方材积表。

表3-7　福建省杉木二元材积表(节录)

$V(m^3)$　$H(m)$　$D(cm)$	9	10	11	12	13	14	15	16	17	18
6	0.014	0.015	0.016	0.018	0.019	0.020				
8	0.024	0.027	0.029	0.031	0.034	0.036	0.038	0.020	0.043	0.045
10	0.037	0.041	0.045	0.048	0.052	0.055	0.059	0.064	0.066	0.069
12	0.053	0.059	0.064	0.069	0.074	0.079	0.084	0.089	0.094	0.099
14	0.072	0.079	0.086	0.093	0.100	0.107	0.114	0.121	0.127	0.134
16	0.094	0.103	0.112	0.121	0.130	0.139	0.148	0.157	0.165	0.1712
18	0.118	0.130	0.141	0.152	0.164	0.175	0.186	0.197	0.208	0.219

注：二元材积表是根据树高(H)和胸径(D)两个因子与材积相关的关系编制的，考虑不同条件下树高变动幅度对材积的影响，使用范围较广，又是最基本的材积表，故又称为一般材积表或标准材积表。

二元材积(V)计算公式如下：

材积计算公式：$V = 0.000\,058\,061\,860 D^{1.955\,335\,4} H^{0.894\,033\,04}$

原木是指树木经过伐倒后去除树皮、树根、树梢，并已按一定尺寸加工成规定直径和长度的木料材类。原木的材积可根据原木检尺径(小头去皮直径)及长度(原木的检尺长)由相应树种的原木材积表(表3-8)中查得的。林分木材采伐后，通常是将原条(已去除皮、根、树梢的木料)按木材标准造材成原木后进行运输销售。

表3-8　杉原木材积表

材积(m^3)　检尺长(m)　检尺径(cm)	2.0	2.2	2.4	2.5	2.6	2.8
4	0.0041	0.0047	0.0053	0.0056	0.0059	0.0066
6	0.0079	0.0089	0.0100	0.0105	0.0111	0.0122
8	0.013	0.015	0.016	0.017	0.018	0.020
10	0.019	0.022	0.024	0.025	0.026	0.029
12	0.027	0.030	0.033	0.035	0.037	0.040
14	0.036	0.040	0.045	0.047	0.049	0.054
16	0.047	0.052	0.058	0.060	0.063	0.069
18	0.059	0.065	0.072	0.076	0.079	0.086
20	0.072	0.080	0.088	0.092	0.097	0.105

（2）林分调查

林分是指内部结构特征相同，并与四周有明显区别的森林地段（小块森林）。林分是森林区划的基本单位，也是森林测定的基本对象。

林分调查因子主要有：林分起源、林相（林层）、树种组成、林分年龄、林分密度、立地质量、林分平均胸径、平均高、林分蓄积量等。

①林分起源。林分可分为天然林和人工林。由于自然媒介的作用，树木种子落在林地上发芽生根或经树桩萌发长成树木而形成的林分称作天然林；由人工直播造林、植苗或插条等造林方式形成的林分称作人工林。

无论天然林还是人工林，凡是由种子起源的林分称为实生林；当原有林木被采伐或自然灾害（火烧、病虫害、风害等）破坏后，有些树种可以由伐根上萌发或由根蘖形成林分，称作萌生林或萌芽林。萌生林大多数为阔叶树种，如山杨、白桦、栎类等；少数为针叶树种，如杉木也能形成萌生林。

②林相（林层）。林分中乔木树种的树冠所形成的树冠层次称为林相或林层。明显只有一个树冠层的林分称为单层林；乔木树冠形成两个或两个以上明显树冠层次的林分称作复层林。在复层林中，蓄积量最大、经济价值最高的林层称为主林层，其余为次林层。

③树种组成。组成林分树种的成分称为树种组成，是说明在同一林层内组成树种的名称、年龄以及各组成树种蓄积量在林层总蓄积量中所占比重大小的调查因子。

由一个树种组成的林分称为纯林，由两个或两个以上的树种组成的林分称为混交林。在混交林中，蓄积量所占比重最大的树种称为优势树种。林分的树种组成通常用组成式表示。组成式由树种名称的代号及其在林层中所占蓄积量（或株数）的树种组成系数（成数）构成。组成系数通常用十分法表示，即各树种组成系数之和等于10。如杉木纯林，则组成式应写成10杉，而在混交林中优势树种应写在前面，如7杉3马即是指林分树种组成中有70%为杉木，30%为马尾松；6杉4阔即是指林分树种组成中60%为杉木，40%是阔叶树。

④林分年龄。林分年龄通常指林分内林木的平均年龄。树木生长及经营周期较长，确定树木准确年龄又很困难，因此，林分年龄往往不是以年为单位，而是以龄级为单位表示。所谓龄级，就是按一定的年龄间隔（年龄范围、龄级期限）划分的年龄等级。龄级期限是根据树木生长的快慢、栽培技术和调查统计的方便程度所确定的，一般慢生树种以20年为一个龄级，如云杉、冷杉、落叶松、红松等；生长速度中等的以10年为一个龄级，如马尾松、栎类等；速生树种以5年为一个龄级，如杉木等；也有的速生树种以2年或3年为一个龄级，如泡桐、桉树、白杨等。龄级用罗马字Ⅰ、Ⅱ、Ⅲ等表示。林木年龄完全相同的林分称为绝对同龄林；林木年龄变化在一个龄级范围内的称为相对同龄林；变化幅度超过一个龄级或一个"世代"的称为异龄林。

为了便于经营活动的开展和满足规划设计的需要，又常按各树种的主伐年龄把龄级归并为龄组，即幼龄林、中龄林、近熟林、成熟林和过熟林。

⑤林分密度。林分密度是说明林分中林木对其所占空间的利用程度的指标。用来反映林分密度的指标很多，常用的有株数密度、郁闭度与疏密度3种。

株数密度是指单位面积上的林木株数，如 2500 株/hm^2，这是造林和抚育工作中常用来评定林分疏密程度的指标；郁闭度是林冠的投影面积与林地面积之比，它可以反映林冠的郁闭程度和树木利用生活空间的程度；林分每公顷总胸高断面积(或蓄积量)与相同条件下标准林分每公顷胸高断面积(或蓄积量)之比称为疏密度。

⑥立地质量。立地质量(又称地位质量)是对影响森林生产能力的所有生境因子(包括气候、土壤和生物)综合评价的一种量化指标。经过多年的实践分析证明，林地生产力的高低与林分平均高之间有着紧密关系，在年龄相同时，林分平均高越高，林地的立地条件越好，林地的生产力越高。在我国，常用的评定立地质量的指标有地位级与立地指数，在森林资源调查时还采用立地类型(Ⅰ、Ⅱ、Ⅲ、Ⅳ类地)来定性评定。

⑦林分平均胸径。林分平均断面积($\bar{g}$)是反映林分林木粗度的指标，但为了表达直观、方便，常以林分平均断面积($\bar{g}$)所对应的直径 D_g 代替，直径 D_g 则称为反映林分林木粗度的平均胸径，它是反映各树种林木特征的主要调查因子。

⑧平均高。平均高是反映林木高度平均水平的数量指标。因调查对象和要求不同，平均高又分为林分平均高和优势木平均高。林分平均高($\bar{H}$)是反映全部林木总平均水平的平均高；优势木平均高(H_T)，简称优势高，是指林分林木分级法中所有Ⅰ级木(优势木)和Ⅱ级木(亚优势木)林木高度的算术平均数。实践中常在标准地内选择测定一些较粗大的优势木和亚优势木的胸径和树高，以树高的算术平均值作为优势木平均高。

⑨林分蓄积量。林分中所有立木材积的总和称作林分蓄积量(M)，简称林分蓄积。在森林调查和森林经营工作中，常用单位面积蓄积量(m^3/hm^2)表示。蓄积量是鉴定森林数量的主要指标，而单位面积蓄积量的大小，在某种程度上标志着林地生产能力的高低及营林措施的效果，是体现林分的林木数量的重要指标。在森林资源规划设计调查时，森林总蓄积量的调查方法通常是先对每个小班或林分进行调查，然后汇总调查区域内各小班或林分的蓄积量取得。

林分蓄积量的测定方法很多，可概括为实测法和目测法两大类。目测法是以实测法为基础的经验方法。实测法又可分为全林实测和局部实测。全林实测法(全林每木检尺)工作量大，常常受人力、物力等条件的限制，仅在林分面积小的伐区调查和科研验证等特殊需要的情况下采用。最常用的还是局部实测法，其主要方法有标准地(带)法、小样圆法、角规调查法、平均标准木法、标准表法和平均实验形数法。

标准地(带)法、小样圆法主要是利用材积表测算林分蓄积量，故也称材积表法，是当前林业生产实际工作中最常用调查方法。其外业调查的工作步骤为：设置标准地、境界测量、每木检尺及其他因子调查等，通过对标准地内每木检尺得各径阶的株数，利用相应树种的材积表来测算标准地内林木蓄积量，进而推算林分蓄积量。

例：马尾松林分总面积 10.6hm^2，选择标准地面积为 0.1hm^2，经过对标准地内林木的每木检尺得各径阶林木株数(表 3-9)。

一元材积表法：分别选用相应的一元材积表，由径阶(按径阶中值)从一元材积表上查出各径阶单株平均材积值，再乘以径阶林木株数，即可得到径阶材积。各径阶材积之和就是该树种标准地蓄积量，各树种的蓄积量之和就是标准地总蓄积量。依据这个蓄积量及标准地面积计算每公顷林分蓄积量，再乘以林分面积即可求出整个林分的蓄积量。具体计算过程见表3-9。

表3-9 利用一元材积表计算林分蓄积量（树种：杉木）

径阶（cm）	株数	单株材积（m³）	径阶材积（m³）	
6	15	0.0072	0.1080	树种：杉木
8	36	0.0169	0.6084	林分面积：10.6hm²
10	51	0.0319	1.6269	标准地面积：0.1hm²
12	50	0.0532	2.6600	标准地蓄积量：11.0m³
14	38	0.0813	3.0894	每公顷蓄积量：$M/hm^2 = 11.0/0.1$
16	20	0.1068	2.1360	$= 110m^3/hm^2$
18	5	0.1602	0.8010	林分总蓄积量：$M = 110 \times 10.6$
合计	215		11.0297	$= 1166m^3$

二元材积表法：应用二元材积表测算林分蓄积，一般是经过标准地调查，取得各径阶株数，通过各径阶树林的胸径与树高的测定绘制树高曲线后，根据径阶中值从树高曲线上读出径阶平均高，再依径阶中值（D）和径阶平均高（H）（取整数或用内插法）从二元材积表上查出各径阶单株平均材积，也可将径阶中值和径阶平均高代入材积式计算出各径阶单株平均材积（V），二元材积计算式如下：

$$V = 0.714\ 265\ 437 \times 10^{-5} D^{1.867\ 010} H^{0.901\ 463\ 2}$$

径阶材积、标准地蓄积量、每公顷林分蓄积量及林分蓄积量的计算方法同一元材积表法。具体计算过程见表3-10。

表3-10 利用二元材积表计算林分蓄积量（树种：马尾松）

径阶（cm）	株数	平均高（m）	单株材积（m³）	径阶材积（m³）	
6	15	11.2	0.0179	0.2685	林分面积：10.6hm²
8	36	13.1	0.0352	0.2672	标准地面积：0.1hm²
10	51	14.8	0.0597	3.0447	标准地蓄积量：18.8m³
12	50	16.4	0.0920	4.6000	每公顷蓄积量：
14	38	17.7	0.1314	4.9932	$M/hm^2 = 18.8/0.1$
16	20	17.7	0.1721	3.4420	$= 188m^3/hm^2$
18	5	18.1	0.2314	1.1570	林分总蓄积量：
合计	215			18.7726	$M = 188 \times 10.6$
					$= 1993m^3$

随着卫星、无人机应用及雷达技术的推广，利用遥感技术开展森林资源调查的技术也日趋成熟，森林调查的工作强度大大减少，而调查的效率与测定精度则不断提高。

3.2.2.3 森林资源调查分类

世界上许多国家把森林资源调查分为三大类，即一类调查、二类调查、三类调查。

（1）一类调查

一类调查即全国森林资源连续清查，就是采用抽样的技术定期对同一地域上的森林资源重复性的调查。调查的区域单位为全国或省（自治区、直辖市），目的是掌握全国或省（自治区、直辖市）森林资源的面积、蓄积量、生长量、消耗量及其变化规律，资源落实的空间单位为省（自治区、直辖市）或大区域。调查意义在于为国家制定或调整林业方针政策、规划、计划提供依据，在大区域调查范围内系统（机械）布设固定样地（一类样地）进行调查，调查间隔期为5年。

（2）二类调查

二类调查即森林规划设计调查，也称森林经理调查，就是在森林区划后，逐个小班开展调查，调查的任务是为林业基层生产单位（林草局或林场）全面掌握森林资源的现状及变动情况，分析以往的经营活动效果，编制或修订基层生产单位（林草局或林场）的森林经营方案或总体设计以及特用林（母树林、风景林等）规划设计提供可靠的科学数据。此类调查是在国家林业和草原局统一部署下，由各省（自治区、直辖市）林业主管部门组织实施，调查间隔期为10年。

（3）三类调查

三类调查即作业设计调查，就是林业基层生产单位为满足伐区设计、造林规划设计、抚育采伐设计、林分改造等而进行的作业前的调查。其目的是详细清查一个伐区内或者一个抚育改造林分范围内的森林资源数量、出材量、生长状况、结构规律等，以确定采伐或抚育改造的方式、采伐强度，预估出材量以及拟定更新措施、工艺设计等。三类调查一般由县级林草主管部门或林草基层生产单位组织实施，其调查的精度要求较高。

3.2.2.4 小班调查

森林资源规划设计调查（二类调查）要求对逐个小班开展调查，将森林资源数字落实到具体的山头地块（小班），因此小班调查是森林资源二类调查中最基础的工作，小班调查常与小班区划结合进行，其调查主要项目如下。

①小班基本情况。调查记载小班所在县（市、区）、乡（镇、林场）、行政村（林班）、村、大班及地名、面积等。

②林地情况。调查记载小班的地貌、海拔、坡度、坡向、坡位、土壤种类、土层厚度及植被建群种、立地类型、立地质量等级等。

③林木情况。包括小班地类、林种、树种、起源、林龄、树高、胸径、株数、蓄积量、郁闭度、生长类型等。

④经营情况。包括小班山林权属、基地类型、人工造林、人工造林成林、天然更新成林、森林保护、林木采伐等。

小班蓄积量的调查常用的方法有目测法、角规法、样圆法和标准地法。

①目测法。可借助角规求得小班的每公顷断面积，用目测或测高器估测林分平均高，

调查相应的标准表或生长过程表，求得小班每公顷蓄积量。

②角规法。原则上林木 10 年生以上且平均胸径 10.0cm 以上的小班，均采用角规法进行。角规常数的选择应视林木的大小而定，角规点的布设应遵循随机原则，避免系统误差和林缘误差。

③样圆法。林木 10 年生以下或平均胸径 10.0cm 以下的小班、竹林和经济林小班，其调查重点为株数密度，一般采用样圆法调查，小样圆的半径为 3.26m，面积为 1/20 亩或 $1/300hm^2$。

④标准地法。在小班内设立一定数量有代表性的标准地，或按数理统计布设一定数量的标准地，进行每木调查，利用材积表求算每个标准地或样地材积，并计算小班单位面积蓄积量。

3.2.2.5 林业生产条件调查

林业生产条件调查就是调查影响林业生产发展的一些客观因素。主要包括经济条件、自然条件和过去的林业生产活动情况等。调查林业生产条件的目的在于了解森林经理对象的客观条件，掌握林业生产中的自然规律和经济规律，为森林经理工作编制森林经营方案提供依据。通过对以往林业生产条件活动的调查研究，总结分析过去林业生产活动中的经验教训，掌握本地区的物质技术条件和经营管理水平，有利于拟定科学的、行之有效的经营方案和组织林业生产。因此，对林业生产条件进行系统周密的调查和科学的分析是森林经理工作不可缺少的一环，是能否设计出既符合客观实际又能指导实践的森林经营方案的关键。

林业生产条件调查的内容主要有林区自然条件、社会经济条件及过去林业生产活动情况。林业生产条件的调查研究应根据不同的内容采取不同的调查方法，一般通过以下几种途径：收集现有的文字材料，调查访问，实地调查。

3.2.2.6 林业专业调查与森林多资源调查

森林资源调查的同时，对于某些林业专项内容有时需要组织专业人员进行重点详细的调查，即所谓林业专业调查。其调查项目包括区域内的立地类型调查、林业土壤调查、森林更新调查、森林病虫害调查、森林生长量调查、编制林业数表调查、森林多种效益计量调查与评价、野生动物资源调查、珍稀植物资源调查、林业经济调查、造林典型调查、森林经营类型调查、古树名木资源调查等内容。

随着科技发展和人类对环境的重视，森林资源概念也从单一的林木产品扩大到森林内的动物、植物、土地、水、气候、地下资源及森林碳汇数量等。为正确评价森林多种效益，发挥森林的各种有效性能，编制森林经营方案，就必须进行多资源调查。

多资源调查是森林可持续经营中逐渐发展起来的森林调查项目，世界各国对多资源调查的类型归属不完全一致，在我国的有关规程中规定，多资源调查仍属于森林调查中的专业范畴。林区的多资源比较复杂，大体可归纳为经济植物资源、野生动物资源、放牧资源、水资源和渔业资源、风景资源、其他资源（建材、矿产、采伐和造材及加工剩余物资源等）。

3.2.3　森林资源监测

开展森林资源监测，准确掌握森林资源的现状及其动态变化，是各级政府和林草主管部门的一项重要基础工作。我国森林资源监测体系包括以一类调查为主体的森林资源连续清查监测体系和以二类调查为主体的地方森林资源档案管理监测体系。

3.2.3.1　森林资源连续清查监测体系

森林资源连续清查监测体系是以数理统计与抽样调查为理论基础，以省（自治区、直辖市）为抽样总体，系统布设固定样地，定期复查，通过计算机进行统计和动态分析，从而提供大区域森林资源的现状及消长变化的清查方法。我国在1973年开展第一次全国森林资源连续清查，清查的间隔期为5年，到2018年已经完成第九次全国森林资源连续清查。

森林资源连续清查采用系统抽样的方法在省（自治区、直辖市）范围内布设样地，具体做法是在1：50 000地形图的公里网交叉点上布设固定样地，样地间隔各省（自治区、直辖市）不一致，如福建为4km×6km，江苏为4km×3km，云南为6km×8km，河北为8km×12km，样地正方形，其面积为1亩。因森林资源总是在不断变化之中，因此不同时期调查数据也是不一样，新中国成立以来我国各次调查的森林覆盖率数据详见表3-11。

表3-11　1949—2018年历次清查全国森林覆盖率变化情况

森林资源连续清查次数	年份区间	全国森林覆盖率（%）
第九次全国森林资源清查	2014—2018	22.96
第八次全国森林资源清查	2009—2013	21.63
第七次全国森林资源清查	2004—2008	20.36
第六次全国森林资源清查	1999—2003	18.21
第五次全国森林资源清查	1994—1998	16.55
第四次全国森林资源清查	1989—1993	13.92
第三次全国森林资源清查	1984—1988	12.98
第二次全国森林资源清查	1977—1981	12.0
第一次全国森林资源清查	1973—1976	12.7
全国首次森林资源调查	1950—1962	11.81
全国初次森林资源调查	1949	12.5

3.2.3.2　森林资源档案管理监测体系

因二类调查的调查间隔期为10年，因此为了能及时掌握森林资源动态变化情况，在森林资源二类调查完成之后，以二类调查的数据为基准，以小班为单位而建立森林资源档案管理监测系统。森林资源档案管理监测系统就是在资源的档案管理过程中，及时更新变化的资源数据，实施森林资源年报制度，以便及时掌握二类调查间隔期内各年度森林资源的变化情况，保证实时监测森林资源现状，掌握监测森林资源年度动态变化及其消长变化规律。森林资源档案更新的依据，除了全覆盖的森林资源监测成果以外，一是能够直接证明因森林经营管理引起的林地、森林、林木变化结果和因自然、人为灾害变化结果的普通工作档案；二是补充调查证明林地、森林、林木变化的成果；三是以模型更新森林、林木自然消长变化的成果，从而保证其档案系统资源数据的实时性与准确性。

当前各省份利用森林资源信息管理技术、数据库技术、地理信息技术，建立森林资源信息化管理系统，将森林资源的监测落实到山头地块，使年度监测工作科学化、系统化、工程化，实现森林资源管理的自动化、智能化和信息化。随着智慧林业技术的发展，我国森林资源综合监测体系正向监测内容多样化、监测周期年度化、监测技术标准化、监测手段一体化、监测信息共享化的趋势发展，为林业发展和生态建设提供实时、动态、开放式的信息服务，不断提高综合评价和预测预警能力。

3.2.4　森林资源实务管理

3.2.4.1　林地管理

林地是开展林业生产必不可少的物质基础之一。根据《中华人民共和国宪法》与《森林法》等有关规定，我国林地的所有权分国家所有权和集体所有权两种形式。我国《森林法》第十四条规定："森林资源属于国家所有，由法律规定属于集体所有的除外。"

林地的使用权主要有以下几种：一是国有林地由国有单位使用，该单位依法享有所使用的林地的占有、使用、收益和部分处分的权利，但不拥有所有权。二是国有林地，由集体以合法的形式取得使用权，如采取联营、承包、租赁等形式获得林地的使用权。三是集体林地由国有林业单位使用，该单位没有所有权，但依法拥有使用权。四是公民、法人或其他经济组织以承包、租赁、转让等形式依法获得国有或集体所有林地的使用权，但不拥有所有权。

林地管理的主要目的是坚决遏制林地资源的非法流失，防止一切滥用林地的现象发生。林地管理的主要内容包括：

①基础管理。包括林地调查、林地统计、林权登记发证建档、法规制度建设等。

②权属管理。包括权属调查、权属变更调查登记、调处权属争议等。

③开发利用监督。包括林地利用规划、计划、开发利用设计等的审查，占用征用林地管理及林地变化情况的检查监督等。

3.2.4.2　林木管理

我国对林木的采伐实行森林采伐限额制度与林木凭证采伐制度，用区域内年森林的生长量来控制年消耗量，实现森林资源的增长。森林采伐限额指标是国家林草主管部门依照法定的程序和方法，通过对本行政区内森林、林木进行科学的测算而确定的，并经国家批准在一定行政区域或经营区内，各单位每年以各种采伐方式对森林资源采伐消耗的最大限量。

森林年采伐限额是国家对森林资源实行限额消耗的法定控制指标。制定了限额的单位都必须严格遵守。凡超限额下达木材生产计划，超限额发放采伐证，超限额批准采伐和进行采伐的，都是违法行为，要受到法律制裁。采伐限额制度是采伐管理的法律武器，也是当前世界公认的经营利用森林的根本原则之一。

3.3 森林资源利用

森林素有"绿色金库"之称，当前森林的直接效益主要体现在以下几个方面。

3.3.1 木材采伐利用

实际上，人类社会从原始到现代，生活到生产随时随处都离不开森林所提供的木材。从森林中采伐取得木材是最重要的一项利用，随着人类社会的不断进步，木材在国家建设和人民生活中所起的作用将越来越重要，尽管今天和未来会有越来越多的木材替代品问世，但在人们崇尚自然、回归自然的今天，木材在经济建设、人类生活、文明发展和社会进步中永远是重要而且无法被替代的特殊物质资料。木材经过机械和化学加工，可制成各种工业品，满足工业、农业和人民生活的需要。

3.3.2 林副产品利用

林副产品是指除森林主产品——木材以外，具有一定经济价值和特色的林产品总称。如林木的根、叶、花、果、皮、树液、树脂和树胶等，以及林木的寄生物虫瘿、菌类等。其主要类型可分为以下几种。

①食品类。包括干、鲜果类，如香榧、松子、核桃、山核桃、板栗、榛子、山楂、猕猴桃、枳椇、柿、枣等；淀粉类，如葛根粉、蕨根粉、橡实、苦槠实、西米椰子粉等；菌蕈类，如松蕈、栎蕈、猴头蕈、竹荪、银耳、木耳等；叶芽、茎芽类，如香椿芽、黄连头、枸杞芽、榆芽、槐芽、木槿芽、竹笋、蕨菜等。

②纤维类。如青檀皮、构树皮、桑树皮、葡蟠皮、雁皮（荛花）、三桠皮（结香）、瑞香皮、椴树皮、梧桐皮、木槿皮、葛藤皮、棕榈干叶纤维等。

③油脂和蜡类。如桐油、柏脂和梓油、核桃油、榧实油、文冠果油、椰子油、油棕油、椋子木油、虫白蜡、棕榈蜡、紫胶蜡、芭蕉叶蜡等。

④精油类。如松节油、樟脑、樟油、山苍子油、桉叶油、肉桂油、八角油、玫瑰油、黄荆叶油、丁香油、檀香油、柏木油、松针油、桂花浸膏等。

⑤树脂类。如松香、紫胶、冷杉香胶、生漆、沉香、降真香、枫香脂、薰陆香（乳香）、没药、安息香、苏合香等。

⑥单宁类。如五倍子、橡椀、化香果、落叶松树皮、油柑树皮、红根皮、杨梅树皮、石榴皮、漆树叶、栲树皮、栎树皮等。

⑦树胶类。如桃胶、樱桃胶、黄芪胶、刨花楠胶等。

⑧药材类。如柏子仁、辛夷、厚朴、黄檗、山蓼、杜仲皮、连翘、金铃子（苦楝子）、枫香（止血用）、夜合皮、枳实、枳壳、酸枣仁、山茱萸、喜树、女贞子、五加皮、五味子、枸杞子、刺五加、陈皮、枇杷叶、使君子、党参、柴胡、黄连、三尖杉枝叶、钩藤、桑白皮、人参等，其他尚有栓皮栎外皮、麻栎类的壳斗等。

林副特产品的利用在我国已有悠久历史，通过经营采集均可为森林经营者带来一定的经济收益。随着林业经济的不断发展，林区产业结构的调整，林副特产品的生产加工业在林业经济发展中占据越来越重要的地位，已成为林农致富、乡村振兴的重要渠道，是实现林区经济快速增长的有效途径。

3.3.3 森林旅游与康养

森林是我们亲近自然的摇篮，随着工业化城市的不断发展，生态环境的保护形势越发严峻，森林也成了人类生存的最后一块净土，亲近自然成为人们生存的一种本能需求。随着环境污染日益严重、生活压力增加、老龄化速度加快，森林旅游与康养已受到越来越多人的喜爱，很多人将其当成了公众享受生态环境和追求健康生活的必然需求。

森林康养即依托优质的森林资源，配备相应的养生休闲、康体服务设施，以丰富多彩的森林景观、优质高氧的森林环境，加上健康美味的森林食物以及深厚浓郁的养生文化，配备相应的养生休闲设施、医疗服务设施，开展以修身养性、保持健康、延缓衰老、延缓生命等为目的的一种旅游活动。在森林中开展的以"修身养性、调试机能、延缓衰老"为目的的森林游憩、运动健身、度假疗养、保健养老等一系列有益人类身心健康的新型产业，是集林业、医药、卫生、养老、旅游、运动、教育、文化等于一体的综合性产业，已经成为当前林业行业的朝阳产业。发展森林旅游与康养是近年来林草部门贯彻习近平生态文明思想、推动生态文明建设的重大举措，是巩固林业改革成果、助力脱贫攻坚和乡村振兴的重要手段，当前森林旅游创造社会综合产值超过万亿元，已成为林草三大支柱产业之一。

3.3.4 森林生态效益

森林生态效益的价值很难直接用经济效益指标来衡量，我国广大的林区拥有较多的森林资源，多地处大江大河上游，其生态区位十分重要，根据森林分类经营制度，大多划定为生态公益林。国家对其实行较为严格的森林保护，这就限制了林农对森林木材进行采伐所取得的直接收益，但我国广大的林区又大多位于欠发达地区，经济发展依然是当地所面临的一个严峻的问题。为此国家切实通过财政补偿的手段对生态公益林进行资金补偿，增加林农从森林中获取的直接收益。

所谓森林生态效益补偿，是指国家为保护森林、充分发挥森林在环境保护中的生态效益而建立的，通过国家投资、向森林生态效益受益人收取生态效益补偿费用等途径设立的森林生态效益补偿资金。它是用于提供生态效益的森林的营造、抚育、保护和管理的一种法律制度。

森林生态效益补偿标志着我国长期无偿使用森林资源生态价值的历史已经结束，开始进入一个有偿使用森林资源生态价值的新阶段。森林生态效益补偿机制的建立对改善人民生存环境、提高人民生活质量有重要作用；对促进我国环境资源的改善、生态环境水平的提高也发挥着越来越重要的作用，符合我国的可持续发展战略。此外，实行森林生态效益补偿机制，为我国林业生态环境建设提供了强有力的政策保障和资金支持，为实现森林生态环境的保护和林区经济的发展注入了新的动力。森林生态效益补偿不仅是为森林资源的保护管理提供资金来源，也是对森林生态效益价值的认可，从根本上开辟了森林经营管护者的经济来源，增加了森林的直接经济收益，如 2020 年福建省省级财政森林生态效益补偿补助资金近 6 亿元，其中省级生态公益林补偿标准为 21.75 元/(亩·年)。随着国家及地区经济实力的增强与人们生态意识的提升，森林生态补偿金的标准也在不断提高。

3.3.5　森林碳汇收益

森林作为陆地生态系统的主体，具有吸收并固定二氧化碳的固碳功能。森林碳汇是指森林植物通过光合作用吸收二氧化碳，放出氧气，把大气中的二氧化碳转化为碳水化合物固定在植被与土壤当中，从而减少大气中二氧化碳浓度的过程。《京都协议书》确定了清洁发展机制(CDM)，允许工业化国家通过在发展中国家开展项目活动所获得的减排增汇来抵偿其承诺的减限排指标，我国也相应建立了允许企业通过购买森林碳汇来适当抵偿其开展经济生产项目活动承诺的碳放排指标。林业碳汇是指利用森林的储碳功能，通过造林、再造林和森林管理，减少毁林等活动，吸收和固定大气中的二氧化碳，并按照相关规则与碳汇交易相结合的过程及活动机制。森林经营性碳汇针对的是现有森林，通过森林经营手段促进林木生长、增加碳汇，包括森林经营性碳汇和造林碳汇两个方面。造林碳汇项目由政府、部门、企业和林权主体合作开发，政府主要发挥牵头和引导作用，林草部门负责项目开发的组织工作，项目企业承担碳汇计量、核签、上市等工作，林权主体是收益的一方，有需求的温室气体排放企业实施购买碳汇。科学研究表明，林木每生长 $1m^3$，平均约吸收 1.83t 二氧化碳，释放 1.62t 氧气。目前在各个地区碳汇交易的价格会有所不一，北京目前碳汇交易价格在 15~38 元/t。森林经营产生的林业碳汇以商品的形式进行出售，林业企业通过市场化手段参与林业资源交易，从而增加森林的经济收益。随着林业碳汇制度的完善，森林碳汇收益将成为林业企业越来越重要的经济收益来源。

习近平总书记提出了绿水青山就是金山银山的理念，党的十八大报告提出"增强生态产品生产能力"，首次提出了生态产品的概念。森林的生态产品就是清新的空气、清洁的水源、宜人的气候和舒适的环境，它的功能主要是吸收二氧化碳、制造氧气、涵养水源、保持水土、防风固沙、调节气候等。森林具有很强的生态产品的生产能力，国家"十四五"规划纲要提出要尽快建设生态产品价值的实现机制。生态产品价值实现就是将生态产品所蕴含的内在价值转化为经济效益、社会效益、生态效益的过程，通过生态资源指标及林业碳汇交易、生态修复及价值提升、生态产业化经营、林业生态利用等多种途径，将森林的生态产品转化为经济效益产品，达到生态产品的经济收益，实现绿水青山就是金山银山。

思考与练习

一、名词解释

森林资源，顶极森林群落，森林覆盖率，林分蓄积量，胸径，林分，一元材积表，二元材积表，郁闭度，生态公益林，商品林，防护林，森林资源调查，森林资源连续清查，森林资源规划设计调查，林班，小班，林业基本图，森林采伐限额指标，森林生态效益补偿制度。

二、填空题

1. 森林资源按类别上可分为_____，_____，_____，林区野生植物资源，_____和_____6 类。

2. 森林不仅能提供木材和多种林副产品，而且具有多种生态价值和社会价值，即森林的_____效益、_____效益、_____效益。

3. 森林资源是林业生产的物质基础，具有地域的辽阔性、资源的_____、功能的_____、生长的_____和效益的外部性。

4. 根据 2020 年发布的第九次全国森林资源清查数据显示，全国平均森林覆盖率为_____，其中位居首位的福建省的森林覆盖率为_____。

5. 根据 2020 发布的第九次全国森林资源清查数据显示，全国森林总面积为 22 044.62 万 hm²。森林面积最多的省份是_____。

6. 根据 2020 年发布的第九次全国森林资源清查数据显示，全国森林总蓄积量为 1 756 023 万 m³，森林蓄积量最多的省份是_____。

7. 生物多样性包括遗传基因多样性、物种多样性、_____多样性和景观多样性 4 个层次。

8. 森林结构合理性是体现森林质量的重要指标，一个地区(单位)的森林资源结构合理性包括_____、_____、_____3 个方面的合理。

9. 根据森林的主要培育目的而区分的森林种类，我国《森林法》将森林分为五大类别，即_____、_____、_____、_____和_____。

10. 属于生态公益林的林种有_____、_____及_____。

11. 防护林的又可分为_____、_____、_____、护岸林、护路林及其他防护林等 7 个亚林种。

12. 从经营的角度，树种营造应遵循三大原则是_____原则、树种的多样性原则、乡土树种优先原则。

13. 福建省多林地区森林区划的系统为_____，森林区划的最小单位是_____。

14. 林班区划的方法有_____、_____、_____；地形复杂的山区，则通常采用_____方法进行区划。

15. 我国的土地权属分为_____和_____，林木权属分国有、集体、个人和其他。

16. 林分的年龄表示方式有具体年龄、龄级、龄组 3 种方式。如 2000 年造林的杉木林分，其 2017 年调查时林龄为 18 年，属于_____龄级。

17. 林分又根据其成熟期，分为幼龄林、中龄林、_____、成熟林、过熟林 5 个龄组。

18. 经济林通常根据其产品的生长特性和生长过程划分为_____、_____、_____和衰产期 4 个生产阶段。

19. 林业用图是森林区划工作的主要成果，林业用图的种类很多，主要有_____、林相图、森林分布图等。

20. 计算立木材积的三要素是_____、_____、_____；其中一元(胸径)材积表是由_____查定材积，二元材积表则由_____查定立木材积；原木的材积则根据原木检尺径(_____)及长度(原木的检尺长)由相应树种的原木材积表中查得的。

21. 林分调查因子测定的方法可分为目测法和实测法，实测法又分为全林实测法和局部实测法，局部实测法分为_____、_____；林分调查的小样圆调查法样圆的半径为_____。

22. 林分密度是说明林分中林木对其所占空间的利用程度的指标，能够用来反映林分密度的指标很多，常用的有株数密度、_____与疏密度3种。

23. 一类调查(国家森林资源连续清查)调查间隔期为_____年；二类调查(森林规划设计调查)调查间隔期为_____年。

24. 我国森林资源监测体系包括以森林资源连续清查为主体的_____体系和以森林资源规划设计调查为主体的地方_____体系。

25. 森林资源连续清查是以数理统计与抽样调查为理论基础，以省(自治区、直辖市)为抽样总体，系统布设固定样地并定期复查，样地间隔各省(自治区、直辖市)不一致，福建省样地间隔距离为_____km。

26. 林地管理的主要内容包括：_____、_____和_____。

三、简答题

1. 简述林业分类经营制度。

2. 福建省林地可划分为9个二级地类，具体是指哪些？

3. 简述小班区划的条件、小班区划的方法。

4. 简述林分蓄积量标准地调查的主要内容。

5. 简述森林采伐限额管理制度。

四、论述题

1. 论述我国是如何实施森林分类经营的。

2. 森林的生态效益主要有哪些方面？

3. 如何理解森林资源效益的外部性？

4. 森林素有"绿色金库"之称，当前森林的直接效益主要体现在哪几个方面？

单元 4

森林健康

📖 知识目标

1. 理解森林健康的内涵。
2. 了解中国森林健康的现状及存在的问题。
3. 了解森林生物灾害的特点、成因与趋势。
4. 了解我国主要森林灾害种类。
5. 熟悉森林火灾的特点及起因。
6. 了解森林火灾的监测与扑救。
7. 掌握森林健康发展理念。

✓ 技能目标

1. 能识别我国重大森林灾害。
2. 能开展森林火灾的预防工作。
3. 能运用森林健康发展理念开展森林保护工作。

📘 素质目标

1. 培养树立保护森林热爱自然的意识。
2. 树立对野外用火和森林火灾的警惕性。
3. 培养生物安全意识。

4.1 森林健康的概念及影响因素

4.1.1 森林健康的概念

森林病虫害和森林火灾是影响林业发展的两大难题，我国每年因森林病虫害和森林火灾造成的直接损失达上千亿元。大面积人工纯林的营造，给森林的病虫害发生提供了有利条件，导致森林病虫害频发，并呈现愈演愈烈的趋势。因此，应对森林健康给予更多关注，从森林健康的角度来思考解决森林病虫害暴发的问题。

森林健康是在20世纪70年代由美国和加拿大的生态学家和环境专家针对人工造林林分结构单一，森林病虫害防治能力、水土保持能力弱等问题提出来的一个营林理念，提出了相应的环境健康学、环境医学、森林生态系统健康、流域健康和湿地生态系统健康等理念，倡导合理配置林分结构，并将这些理念用于森林的防火及森林病虫害防治方面，逐渐形成了一套相应的森林健康理论体系和实际操作标准及经验，实现了森林病虫害自控、水土保持能力增强和森林资源产值提高。

早期提出的森林健康局限在"只要树长得没什么病虫害就认为森林是健康的"。现在，森林健康已从林木的健康扩展至整个森林生态系统即森林生态系统健康，包括系统中所有的生物和微生物健康以及林地健康等森林功能的健康。一个理想的健康森林应该是其生物因素（病虫害）和非生物因素（空气污染、营林措施、木材采伐等）对森林的影响不会威胁到现在或将来森林资源经营的目标。健康的森林生态系统能够提供有效的生态、社会和经济功能，能够自我调控和抵御自然干扰因素（森林病虫害、火灾、水灾等），维护系统的复杂性和生物多样性。

一般认为，森林健康是指森林生态系统有能力进行资源更新，在生物和非生物因素如病虫害、环境污染、营林、林产品收获等作用下，从一系列的胁迫因素中自主恢复并能够保持生态恢复力，而且能够满足现在和未来人类对森林在价值、使用、产品和生态服务等不同层次的需求。健康的森林应该具备以下特征：

①各生态演替阶段要有足够的物理环境因子、生物资源和食物网来维持森林生态系统；

②能够从有限的干扰和胁迫因素中自然恢复；

③在优势种植被生存所必需的物质，如水、光、热、生长空间及营养物质等方面存在一种动态平衡；

④能够在森林各演替阶段提供多物种的栖息环境和所必需的生态学过程。

根据森林健康的含义，推行森林健康理念的目标，从生态学的角度，就是要维护森林生态功能的稳定，并按其演替规律正向发展；从生产和经营的角度，就是要保持森林健康、恢复森林健康、建立和发展健康的森林。从森林健康理论的内涵可知，其理论的本质与可持续发展是一脉相承的，"既满足当代人的需求又不危及后代人满足其需要的发展"。人类要正确处理保护、培育和利用森林的关系，维护森林健康，实现人类与森林的和谐相处，这是森林健康的哲学内涵，也是人类自古以来的美好理想。其实质就是采取科学、合理的措施，保护、恢复和经营森林，维护森林的稳定性，使森林具有较好的自我调节及保持其系统稳定的能力，有效抵御自然灾害的能力，在满足人类对木材及其他林产品需求的同时，充分发挥森林维护生物多样性、缓解全球气候变暖、防止沙漠化、保护水资源和控制水土流失等多种功能，最大化、最充分地持续发挥其经济、生态和社会效益。

森林健康要求森林内部的物理环境、化学环境、生物环境以及对周边环境的影响也相对稳定，即在受到一定程度干扰后能够具有自然恢复的能力，既能维持自身的稳定性和自我调节能力，又同时能满足人类所希望的多功能、多用途等的一些合理需求，是实现森林从单一目标经营体系向多功能可持续经营体系彻底转变的重要途径。森林健康经营要把健康思想贯穿到森林生态系统经营全过程，包括健康经营规划、森林病虫害生态防治、森林健康系统监测与评价等内容，是一种新型的森林经营理念。

4.1.2 影响森林健康的主要因素

4.1.2.1 森林破坏活动

人类活动对森林健康的影响是潜移默化和渐进累加的，也是多方面及长期的。人类不合理的活动干扰了森林生态系统的正向演替，破坏了森林的结构，降低了生物多样性，造成了生态系统的简单化和破碎化，破坏了森林自身复杂的状况和总体功能的发挥。即使是生产性的森林砍伐、林产品采集、旅游、放牧、樵采、采矿、地下水开采等活动，对森林生物多样性和生态系统结构造成的破坏速度也远大于其调整恢复的速度，会造成森林生态系统的功能逐渐弱化，重者使其功能完全丧失。而毁林开荒、乱砍滥伐、超采过伐、超载过牧等则直接造成了森林的严重破坏甚至消失，这些都会直接或间接引起严重的森林健康问题。

4.1.2.2 森林经营管理方式

在森林生长周期中，各种不合理的生产经营方式可直接或间接引发森林生态系统的健康问题：如不科学的引种和树种选择，致使林木不能适应当地的气候、土壤和有害生物等，致使林分生长不良甚至死亡；造林方式不科学，大面积地营造人工纯林，树种植被单一林分结构简单；在抚育管理上粗放经营、疏于管理，或采用违背森林自然生长规律的经营方式，或受利益驱动大量采用皆伐等掠夺式的经营方式，是造成林分低产低效、结构不合理、稳定性差、功能不完善的主要原因。

4.1.2.3 自然干扰因素

在自然因素当中，森林火灾、极端气温、水分逆境(干旱、洪涝)等都会对森林健康产生影响。对森林健康影响最大的自然因素当属森林火灾，森林火灾在短期内烧毁大量的森林物种和大面积森林，改变了区域气候、土壤以及植被组成和演替，致使森林环境产生无法恢复的改变，破坏其生态系统结构和功能，因此防止森林火灾是维持森林健康的关键环节之一。

4.1.2.4 外来生物入侵

外来入侵物种对一个国家或地区生态安全的影响已越来越为人们所关注。外来入侵植物一旦入侵并定植成功，表明当地的生态环境特别适合其生长繁殖。在新的定植地由于其缺乏原产地的自然控制因素，凭借其较强的种间竞争力和立地开拓能力，能迅速排挤乡土物种，占领其生境，抑制乡土物种生长，减少当地物种的种类和数量，甚至导致乡土物种或其群体灭绝。有害生物（如昆虫、线虫、鼠、兔）和微生物的入侵，由于缺乏天敌等自控因素，繁殖扩散快、危害大，对森林健康极具破坏力，松材线虫、红脂大小蠹等入侵所带来的灾害已充分证明了这一点。外来生物的入侵使本地森林生态系统的结构和功能发生剧烈变化，影响了生态系统的稳定和健康。

4.1.2.5　环境污染

环境污染尤其是大气污染（如二氧化碳、硫化合物、硝酸盐、氮沉积和有毒金属等）能对森林健康造成严重危害。例如，酸雨会影响林木正常生长、减弱生长势，使其更易遭受昆虫、菌物和其他生物的侵害，严重者会直接造成树木死亡。欧洲和北美东部地区的森林大面积衰退、死亡就被认为与酸雨、氮沉积和臭氧等有关。酸雨还会造成水污染、土壤酸化和地力衰退，进一步对森林健康构成危害。

4.1.2.6　森林有害生物

森林生态系统中生活的生物特别是直接依赖林木生存的生物，包括动物、植物、菌类及其他生物，如果其种群繁殖失去有效的控制，在短时期内大量繁殖，将对其寄主林木造成危害，进而对整个森林生态系统的健康造成影响。森林动物危害主要有鹿害、兔害、鼠害、线虫病和大量的昆虫危害，有害植物有斛寄生、菟丝子等，由菌物引起的森林病害种类更多，甚至最简单的细胞生物植原体和无细胞生物病毒也能对森林健康造成危害。

4.1.3　森林健康的恢复与重建

森林健康的恢复与重建，即如何采取科学有效的措施，防止森林的衰退，持续满足人类的经营目标，就是要维护一个健康的森林生态环境，或使一个林分恢复其健康状态，或重建一个健康的森林，以持续满足人类对森林的需求。森林健康的恢复与重建技术包括：①通过物理因素改善促进恢复；②通过营养因素改善促进恢复；③通过种源条件改善促进恢复；④通过种间关系改善促进恢复等方面。要点是通过人工手段对林分的结构、树种的配置、林分的密度等方面进行调整，建立健康的森林生态系统。森林健康的恢复与重建步骤包括：一是科学规划。首先对森林健康进行科学评估，详细了解森林系统的主要物种组成，从而采取多样化的恢复策略。既要对林区进行地貌、土壤、地质条件等一系列因素的调研和分析，理解该地区基本林木的品种和数量，又要确定作用性较强的植被品种，强化森林系统的恢复与重建成效。二是科学管理。主要是针对林区基本树种的科学选择，从而借助多样性的生态系统，提高森林系统的防护能力，以科学的管理模式，制订行之有效的种植管理方案，如封山育林、补植补造、抚育（清除杂灌、修枝、清除非目的树种等）、低效林改造更新等措施。森林系统的管理，需要进行定期的采伐，对一些病木、枯死木进行采伐，提升森林系统的修复能力，及时剔除已经无法恢复的树木，有效提升和改善森林系统的资源利用效率。三是调整策略。对森林健康的恢复与重建开展跟踪和评价，由于技术等问题，森林系统修复和重建工作成效不明显的，要及时调整策略，以有效的科学技术促进森林系统的健康发展。

4.1.4 森林健康的评价

森林健康的评价是针对由于人为和自然因素引起系统结构紊乱和功能失调，使森林生态系统服务功能和价值丧失的一种评估。森林健康评价被认为是可持续经营的基础，要想提高森林可持续经营水平，就离不开科学合理的森林健康评价指标体系。同时，科学合理的森林健康评价指标体系可为制定科学的森林保护对策提供依据。

要使森林健康更具有现实意义，需要建立一套有针对性、可靠、可操作、综合、可推广的，并能为环境评价、系统管理提供指导的评价指标体系，这往往直接关系到森林健康的评价科学性和准确程度。针对森林的单一问题，健康指标体系是明确和具体的，如对于森林火灾管理，可采用林分密度、树种组成、生长率与死亡率之比、生长量与采伐量之比4 个指标进行健康评级分析。然而，对于综合意义上的森林健康，建立森林健康的指标体系仍然存在较大困难。目前，主要应用以活力、组织结构和恢复力为基础的指标体系，并根据不同评价需要进行进一步细化，使得评价工作变得更具有可操作性。例如，从森林生态系统的生态要素、生理要素、胁迫要素、环境要素和气象要素 5 个方面进行森林健康评价，指标体系相应地分为郁闭度、死亡率、林龄结构、生物多样性、植被结构、植被类型、植被净初级生产力（NPP）、光合速率、呼吸速率、污染灾害、病虫灾害、气象灾害、火灾、大气组分、土壤组分、地理位置、有效积温、总辐射、年均降水 19 个评价指标。

森林健康的评价方法有很多，针对不同的森林类型，应该具体问题具体分析，在客观性、可操作性和有效性的前提下，根据实验数据和研究目的选取合适的评价方法对森林生态系统健康状况进行评价。常见的森林健康的评价方法有：主成分分析法、层次分析法、模糊综合评判法、指示物种评价法、人工神经网络法、健康距离法、灰色关联度分析法、多元线性回归法、指数评价法、聚类分析法和综合指数评价法等。

4.2 森林生物灾害

森林生物灾害是指危害或可能危害森林植物或森林产品的任何生命有机体引起的森林生态系统破坏，主要包括森林害虫、森林有害微生物、森林害鼠、森林杂草等。森林、林木及林产品常会遭到这些有害生物的侵袭而导致林业生物灾害的发生。据统计，我国林业有害生物达 8000 余种，造成严重危害的近 300 种，年均发生面积超 1000 万 hm^2，直接经济损失和生态价值损失高达 880 亿元。因此，科学、有效、及时地控制林业有害生物发生，对于保护森林资源和绿化成果，保障国土生态安全，促进现代林业的发展，建设生态文明和美丽中国具有重要意义。

4.2.1 森林生物灾害发生特点

近年来全国森林生物灾害发生仍持续高发、多发态势，发生面积不断扩大，"十一五"期间全国林业有害生物灾害发生面积为 1.74 亿亩，"十二五"期间全国有害生物灾害年均发生面积为 1.79 亿亩，2021 年全国林业有害生物灾害发生面积为 1.88 亿亩；全国重大外来危险性林业有害生物扩散蔓延势头迅猛、潜在危险大、防控难度大，对生态安全产生巨大威胁。多种常发性病虫危害程度总体有所减轻，但局部地区仍多次复发，发生面积广、毁林严重、生态和经济损失较重。

4.2.2 森林生物灾害类型

4.2.2.1 森林虫害

昆虫是动物界无脊椎动物中最大的一个类群。已知种类有100多万种，约占所有动物种类的80%。森林虫害是森林生物灾害的重要组成，但并不是所有昆虫都危害森林植物。一般仅将对森林植物有害的称为森林害虫；在自然界生态体系内昆虫还扮演着许多有益的角色，28%的捕食性昆虫和2.4%的寄生性昆虫是自然界中重要的害虫天敌，17.3%的腐食性昆虫是自然界中高效的生态垃圾清理工，蝶类、蛾类、蜂类、蝇类等昆虫为许多显花植物传粉，还有部分昆虫直接或者间接地向人类提供了经济产品，如蜂蜜、丝绸、五倍子等。

根据昆虫取食部位的不同，把森林害虫分为食叶害虫、蛀干害虫、吸汁害虫和种苗与地下害虫等。自然条件下昆虫如果在森林中获得大量食物，同时处于缺少天敌的状态，其种群数量就会大量增加，此时森林植物受到大量昆虫的取食发生森林虫害，但是随着昆虫种群数量增加，其种群间的竞争也会加剧，种群数量会出现明显下降。因此，森林害虫大发生往往需要具备一定条件和一定时间过程。

（1）森林害虫大发生的条件

害虫的来源一般有3个途径：一是当地原有虫种。生物在历史演化中，在一定的地域形成一定的昆虫区系，如果长期大量使用化学农药，虽然某种森林害虫得到了抑制，但天敌昆虫可能也随之被抑制，破坏了生态平衡，使一些次要害虫转化为主要害虫。例如，山东的杨尺蛾、青海的榆黄蛱蝶等曾造成严重危害。二是从其他寄主转移而来。例如，刺槐荚螟能危害豆科植物，当大面积种植刺槐林后，刺槐荚螟就会从其他豆科植物转移到刺槐上来，从而导致其大发生。三是从外地传播而来。随着林业事业的发展，种苗交换频繁，害虫也可能会随同寄主的运输而传播。例如，美国白蛾、红脂大小蠹、松突圆蚧、杨干象等都是从国外传进我国的世界性检疫害虫。

同一种群可能被分成许多亚种群，分别栖息在各自的生活小区（如丘陵、谷地等）。对于害虫来说，这些生活小区的生活环境条件是不完全相同的。某些生活小区有利于害虫的大量繁殖，经常保持相当大的虫口密度，再逢大发生条件（如适宜的温湿度、充足的食物、天敌较少），害虫便首先暴发，成灾后再向周围扩大蔓延，这种具备害虫大量繁殖的环境就叫害虫发生基地（发源地）。例如，赤松毛虫在海拔400m以下、四面环山的谷地，或三面环山的马蹄形山谷，10余年生油松密林首先成灾，之后再向外蔓延。若及早掌握害虫发生基地情况，采取根治措施，就会节省很多人力、物力和时间，减少损失。

（2）害虫大发生的过程

对于周期性大发生的森林害虫而言，每次大发生都是由少到多、由小到大的种群数量的积累过程，具体可划分为以下阶段。

①准备阶段。虫口密度不大，天敌不多，食料充足，幼虫生长正常，繁殖率和存活率逐渐提高，虫口密度上升，而森林尚未受其严重危害，常不易引起重视。

②增殖阶段。害虫数量显著增加并继续上升，雌虫多于雄虫，森林被害征兆明显，害虫开始外迁，受害面积渐大，天敌向害虫发生地集中。

③猖獗阶段。虫口密度极度增加，可以使种群密度迅速增加到十倍至数千倍，几乎充满其栖境，食物开始趋向不足，幼虫生长发育受到抑制，繁殖率和存活率显著下降，雌虫比例减少，天敌数量增多，害虫数量转向衰退。

④衰退阶段。由于食物不足、天敌增多，害虫数量急剧下降，害虫繁殖力处于极低水平，危害盛期结束，天敌向周围迁移。

4.2.2.2　林木病害

森林中的林木受到生物因素和非生物因素的影响，在生长上、组织结构上和外部形态上产生一系列局部的或整体的异常变化，生长发育受到显著影响，甚至出现死亡，这种现象被称为林木病害。

林木病害的发生有一定的病理变化过程，简称病理程序。如果林木在短时间内受到外界因素(如虫咬、机械伤、雹害、风害等)袭击造成伤害，受害植物在生理上没有发生病理程序，则不能称为病害，而称为伤害或损害。伤害可削弱生长势，伤口往往成为病原物入侵的门户，诱发病害的发生。

林木病害是对人类生产和经济损益而言的。如许多豆科树种受根瘤菌感染后生长更好；郁金香受病毒的侵染使单色花成为杂色花，增加了它的观赏价值；茭白受一种黑粉菌的侵染使茎基部肥大而可供食用。这些现象提高了其经济价值，都不列为病害的范畴。

在生态系统中，直接导致林木生病的因素称为病原。引起林木病害的病原分为两大类：侵染性病原和非侵染性病原。

(1)侵染性病害

侵染性病害是林木受到侵染性病原的侵染而引起的能互相传染的病害。引起侵染性病害的病原主要有真菌、细菌、病毒、植原体、寄生性种子植物、线虫和螨类等。这类由生物因子引起的植物病害都能相互传染、有侵染过程，故称为侵染性病害或传染性病害，也称为寄生性病害。侵染时常先出现中心病株，有从点到面扩展危害的过程。

①真菌。真菌是自然界中物质循环的重要角色，人类利用真菌可以生产多种产品，但真菌对人类的生活也造成了较为严重的危害，有些真菌可以直接寄生于人或动物身上，直接引起疾病；有的真菌会产生毒素引起人或动物中毒；还有的真菌是植物病害的罪魁祸首，19世纪出现的马铃薯晚疫病曾经一度引起严重饥荒；林木病害中如松干疱锈病、两针松疱锈病、榆枯萎病和板栗疫病等，以及各类立木腐朽均为真菌所致。

②细菌。林业有害细菌都是原核生物界的薄壁菌门和厚壁菌门的一些类群，一般没有荚膜，也不形成芽孢。林木细菌病害的病症不如真菌病害明显，通常只有在潮湿的情况下，病部才有黏稠状的菌脓溢出。细菌性叶斑病的共同特点是，病斑受叶脉限制多呈多角形，初期呈水渍状，后变为褐色至黑色，病斑周围出现半透明的黄色晕圈，空气潮湿时有

菌脓溢出。腐烂型病害，常有恶臭味。枯萎型病害，在茎的断面可看到维管束组织变褐色，并有菌脓从中溢出。

③病毒。植物病毒是一种不具细胞结构和形态的寄生物，体积极小，只有在电子显微镜下才可观察到。病毒粒子结构简单，其形状主要有杆状、丝状、弹状和球状；大小是以纳米（$1nm = 10^{-9}cm$）来计算。病毒粒子由蛋白质和核酸两部分组成，蛋白质在外形成衣壳，核酸在内形成心轴，没有包膜。病毒是活氧生物，只存在于活体细胞中，迄今还没有发现能培养病毒的合成培养基。

病毒病害的症状特点是，植物病毒病大部分属于系统侵染的病害，植物感染病毒后，往往全株表现症状。植物病毒病的症状大致分为变色、坏死与变质、畸形生长3类。

植物病毒病症状的另一重点特点是，只有明显的病状，而始终不出现病征。这在诊断上有助于将病毒和其他病原物引起的病害区分开来。但是植物病毒病的病状却往往容易同非侵染病害，特别是缺素症、药害、空气污染导致的损害等相混淆。因为非侵染性病害也不表现病征，病状表现有的也很相似。但二者在自然条件下有不同的分布规律。感染病毒病的植株在生境中的分布多是分散的，病株四周还会有健康的植株，并且不能通过改善环境条件和增施营养元素或排除污染，使部分病株逐步恢复健康。

④寄生性种子植物。根据对寄主的依赖程度不同，寄生性种子植物可分为两类。一类是半寄生种子植物，其有叶绿素，能进行正常的光合作用，但根多退化，导管直接与寄主植物相连，从寄主植物内吸收水分和无机盐，如寄生在林木上的槲寄生。另一类是全寄生种子植物，其没有叶片或叶片退化成鳞片状，因而没有足够的叶绿素，不能进行正常的光合作用，导管和筛管与寄主植物相连，从寄主植物内吸收全部或大部养分和水分，如菟丝子。

⑤线虫。线虫属线形动物门线虫纲。在自然界分布广、种类多。一部分可寄生在植物上引起植物线虫病害。同时，线虫还能传播其他病原物，如真菌、病毒、细菌等，加剧病害的严重程度。此外，还有利用线虫捕食真菌、细菌的。

线虫体呈圆筒状、细长，两端稍尖，形如线状，多为乳白色或无色透明。植物寄生线虫大多虫体细小，需要用显微镜观察。植物寄生线虫一般生活在15cm以内的耕作层内，特别是根围。在土壤中的活动性不强，每年迁移的距离不超过2m，被动传播是线虫的主要传播方式，包括水、昆虫和人为传播。最适于线虫发育的温度为20~30℃，最适宜的土壤温度为10~17℃，多数线虫在砂壤土中容易繁殖和侵染植物。

植物寄生线虫多以幼虫或卵在土壤、病株、残体、带病种子（虫瘿）和无性繁殖材料等场所越冬，在寒冷和干燥条件下还可以休眠或滞育的方式长期存活。低温干燥条件下，多数线虫的存活期更长。

由于大多数种类的线虫在土壤中生活，所以线虫病害多数发生在植物的根和地下茎上。最常见的症状是根系上着生许多大小不等的肿瘤，即根结，若将根结剖开，可见到白色的线虫；或者因根系生长点被破坏而使生长受到抑制；或者根系和地下茎腐烂坏死。当根系和地下茎受害后，反映到全株上，则使植株生长衰弱、矮小、发育缓慢，叶色变淡，甚至萎黄，类似缺肥造成的营养不良。

有些线虫也能危害植物的地上部分，如茎、叶、芽、花、果等，造成茎叶卷曲或组织坏死(如枯斑)，幼芽坏死，以及形成叶瘿或穗瘿(种瘿)等。有的线虫可危害树木的木质部，破坏疏导组织，使全株萎蔫直至枯死。这同细菌和个别真菌引起的枯萎病相似，如松材线虫病。危害林木的重要有害线虫有根结线虫、松材线虫等。

(2)非侵染性病害

非侵染性病害是由不适宜的环境因素持续作用引起的，无侵染过程，也称为生理性病害。非侵染性病原是多种多样的，常见的有营养失调、气候不适、环境污染、林木药害等因素。

①营养失调。营养失调包括营养缺乏和营养过剩。营养缺乏包括缺氮、磷、钾、钙、镁、硫、铁、锰、锌等。表现为叶色退绿或变色，叶片出现斑点或皱缩、簇生，老叶叶脉发黄、早衰，幼叶黄化、顶枯，生长迟缓，植株矮小，根系不发达等。营养过剩会对林木产生毒害，如钠、镁过量导致的碱伤害，使植株吸水困难；硼和锌过量导致植株退绿、矮化、叶枯等。

②气候不适。气候不适包括温度、水分、光照、风等不适宜。高温容易造成灼伤，如树皮的溃疡和皮焦、叶片上产生白斑和灼环等。林木的日灼常发生在树干的南面或西南面。日灼造成的伤口为蛀干害虫和枝干病害病原的侵入提供机会。低温的影响主要是冻害和冷害。低于10℃的冷害常造成叶片变色、坏死和表面出现斑点，芽枯、顶枯；0℃以下的低温所造成的冻害使幼芽或嫩叶出现水渍状暗褐斑，之后组织逐渐死亡。霜冻、冻拔是常见的低温伤害。土壤水分过多，植物根部窒息，导致根变色或腐烂，地上部叶片变黄、落叶、落花；水分过少，引起植物旱害，植物叶片萎蔫下垂，叶间、叶缘、叶脉间或嫩梢发黄枯死，造成早期落叶、落花、落果，严重时植株凋萎，甚至枯死。光照不足，导致植株徒长、植株黄化、结构脆弱、易倒伏；光照过强，一般伴随高温、干旱，引起日灼、叶烧和焦枯。高温季节的强风会加大蒸腾作用，导致植株水分失调，严重时导致植株萎蔫，甚至枯死。

③环境污染。环境污染主要指空气污染，其他还有水源污染、土壤污染等。空气污染主要来源是化工废气，如硫化物、氟化物、氯化物等，会引起植物斑驳、退绿、矮化、枯黄、"银叶"、叶色红褐或黄褐、叶缘焦枯、小叶扭曲、早衰、提早落叶等。

④林木药害。林木药害指使用化学农药或激素不当对林木引起的伤害，表现为穿孔、斑点、焦灼、枯萎、黄化、畸形、落叶、落花、落果、基部肥大、生长迟缓等症状。

非侵染性病害直接对林木造成严重的损害，削弱林木对某些侵染性病害的抵抗力，为许多病原生物开辟了侵入途径，使其更容易诱发侵染性病害，同时侵染性病害又进一步削弱了植物对外界环境的适应能力。

4.2.2.3 外来物种入侵

外来物种入侵已经成为引起全球共同关注的重大问题，近30年来外来入侵物种产生的危害尤为突出，主要原因是在交通日益便利、人类活动剧增的当下，随着全球经济一体化进程的加速国际贸易自由化进程不断推进。外来植物入侵是指植物从其原生地，借助人为或自然力进入新栖息地，并在新栖息地失去控制而爆发性扩散，造成农林牧业减产、生物多样性下降、生态系统稳定性下降等危害的现象。

在历史上，人类很早便开始了植物的引种和栽培，如蓖麻、西瓜、曼陀罗、含羞草等植物原产地都并非我国，而现在都已经是我国常见的栽培植物，引进这些物种的最初原因往往是追求其经济利益，将其用于食品、药品及园林绿化等方面。但引种过程中，往往缺乏全面综合的评价体系，致使出现引种不当或管理不当，造成严重的生态学后果。

4.2.3　森林生物灾害成因

4.2.3.1　人工林面积不断增加

近几十年来，中国的森林面积不断增加，人工林面积迅速扩大，森林病虫害的发生面积也随之增加。由于人工林往往是单一树种、单一结构的纯林，生态系统十分脆弱，有害生物一旦传入发生，在较短的时间内就可以造成大面积的暴发流行，从而导致巨大的生态经济损失。

4.2.3.2　天然林长期超负荷砍伐

以木材生产为中心的林业经济产业，造成了天然林长期超负荷采伐，致使天然林的数量和质量下降，森林生物多样性、林分原始结构及天然林特有的森林生态环境遭受了不同程度的破坏，从而导致森林病虫害的发生流行。

4.2.3.3　频繁人为活动引发有害生物传播加剧

近年来，国内、国际的交流日益频繁，危险性病虫杂草远程人为传播加剧。如松材线虫、美国白蛾、松突圆蚧、松针褐斑病等重大病虫害的流行均是有害生物随国外林产品进口而引起的。在国内，许多重大病虫害疫区的扩大也是人为活动引起的。

4.2.3.4　长期不合理地使用化学农药

病虫害暴发后，一味依赖化学农药防治，会使大量害虫被天敌杀伤、病虫产生抗药性，还会造成森林生态环境恶化。另外，该防治手段不能适应森林病虫害防治工作的客观要求，缺少符合林业特点的防治药剂和药械，防治效率低。

4.2.4　中国森林重大生物灾害

4.2.4.1　松材线虫

1982 年在南京中山陵首次发现松材线虫引起黑松大量枯萎死亡。目前，该病已在辽宁、吉林、江苏、浙江、安徽、福建、江西、山东、河南、湖北、湖南、广东、广西、重庆、四川、贵州、云南、陕西、甘肃、香港、台湾等地发生，危害面积达 7 万 hm^2，死亡松树 1600 万株，已严重威胁到安徽黄山、浙江西湖等风景名胜区的安全，以及整个中部及南部的大面积松林。

相关部门对松材线虫病的防治采取了清理病死木、杀灭天牛成虫、熏蒸处理病死木和加强对疫区病木的检疫等防治措施，这些措施对防止此病的迅速蔓延起到重要作用。但从全国来看，该病害无论在局部还是整体范围上均呈扩展蔓延之势，其主要原因是防治措施不到位；同时，一些新疫点的形成也不排除从国外再度传入病原的可能性。

4.2.4.2 美国白蛾

美国白蛾于1979年传入中国辽宁，因其繁殖力强、食性杂（可危害200多种寄主）、适生范围广、传播速度快，目前已传播到陕西、辽宁、山东、河北、北京、上海和天津，是一种会引起严重损失的危险性食叶害虫。防治措施主要是以自然（天敌）控制为主，辅以人工剪网、围草把等人工物理措施和化学防治措施。这些方法在一些地区取得了很好的防治效果，基本上达到虫在树上不成大灾或虫不下树、不进田。1996年年底，在陕西境内的美国白蛾已被基本扑灭。但近年此虫又有进一步蔓延危害之势，在一些省份发生仍较严重。

4.2.4.3 松突圆蚧

松突圆蚧于19世纪70年代末从美国传入中国广东，到1988年已扩展至广东18个县市51万 hm^2 的松林，引起14万 hm^2 马尾松枯死，对松林造成很大威胁。广东从日本引进松突圆蚧花角蚜小蜂防治松突圆蚧取得了成功，有效地控制住该虫害的发生与蔓延。

4.2.4.4 马尾松毛虫

马尾松毛虫发生于中国南方13个省（自治区、直辖市），常年发生面积达200万～330万 hm^2，减少木材生长量约300万 m^3，是发生面积最广、危害最为严重的森林害虫。经过几十年的研究，目前已建立了一套比较完整的马尾松毛虫预测预报体系和防治措施，但由于中国大面积人工松林的生态系统简单，林分自控能力差，松毛虫在林间的种群数量仍常发生较大波动。近年来，通过对该虫实施监测，采用白僵菌和苏云金杆菌（Bt）等生防制剂控制林间虫口数量使之维持在较低水平，已基本在全国范围内控制住马尾松毛虫泛滥成灾的问题，但局部地区的暴发成灾仍时有发生。

4.2.4.5 杨树蛀干类害虫

在中国，对杨树危害最严重的蛀干类害虫为各种天牛。北方主要是光肩星天牛和黄斑星天牛，南方主要是桑天牛和云斑天牛。中国三北防护林由于杨树天牛的危害，一代林网已几乎完全毁灭，二代林网据统计也有80%以上的杨树林受害，其中50%以上的杨树林由于严重受害而不得不完全砍除。1995年，三北地区有913万 hm^2 新植防护林严重受害（其中杨树受害面积达467万 hm^2），占三北新造防护林的77%。杨树天牛成为北方杨树发展的一大障碍。在这些地区杨树受害后其寿命缩短到10年左右。在湖北、湖南等地，大面积栽植的欧美杨也遭受到桑天牛和云斑天牛的严重危害。目前对杨树天牛的防治除了从树种配置等方面来考虑外，暂无其他更有效的根治措施。

4.2.4.6 互花米草

互花米草（*Spartina alterniflora* Loisel.）是禾本科米草属多年生草本植物，地下部由短而细的须根和根状茎组成。根系发达，深可达100cm。植株茎秆坚韧、直立，茎节具叶鞘，叶腋有腋芽。叶片互生，长披针形，具盐腺，叶表有白色粉状的盐霜出现。圆锥花序小穗侧扁，两性花；子房平滑，花药成熟时纵向开裂，花粉黄色。3～4个月即可达到性成熟，其花期与地理分布有关。

原产北美大西洋沿岸，中国1979年开始引种并迅速发展，取得了一定的生态和经济效益，但也带来了一些负面效应。互花米草提取物是于每年深秋或初冬收获互花米草的茎叶，用科学方法提取浓缩而成。互花米草提取物液体醇厚，呈深咖啡色，有浓郁而特殊的香甜味，品尝时味甚咸，因其富含黄酮、皂苷、多糖等多种生物活性物质和锌、硒等14种必需微量元素及矿物质，又被称为生物矿质液，或米草浓缩液、微多浓缩液。互花米草对环境的影响主要体现在以下方面：①破坏近海生物栖息环境，影响滩涂养殖；②堵塞航道，影响船只出港；③影响海水交换能力，导致水质下降，诱发赤潮；④威胁海岸生态系统，致使大片红树林消失。

4.2.4.7　加拿大一枝黄花

加拿大一枝黄花（*Solidago canadensis* L.）是菊科的多年生草本植物，又名黄莺、麒麟草。有长根状茎。茎直立，高达2.5m。叶披针形或线状披针形，长5~12cm。头状花序很小，长4~6mm，在花序分枝上单面着生，多数弯曲的花序分枝与单面着生的头状花序，形成开展的圆锥状花序；总苞片线状披针形，长3~4mm；边缘舌状花很短。

色泽亮丽，常作为插花中的配花。1935年作为观赏植物引入中国，是外来物种。引种后逸生成杂草，并且是恶性杂草，于2010年被列入《中国外来入侵物种名单（第二批）》。主要生长在河滩、荒地、公路两旁、农田边、农村住宅四周，是多年生植物，根状茎发达、繁殖力极强、传播速度快、生长优势明显、生态适应性广阔，与周围植物争阳光、争肥料，直至其他植物死亡，对生物多样性构成严重威胁。可谓是"黄花过处寸草不生"，被称为生态杀手、霸王花。

4.2.5　森林生物灾害防治策略

基于林业有害生物可持续治理策略框架下的防治技术是环境友好型防治，其技术体系由以抚育管理为主的营林措施，以预测预报和检疫为主的预防措施，以生物防治为主的调控措施，以物理防治为主的辅助措施和以化学防治为主的应急措施组成。

4.2.5.1　以抚育管理为主的营林措施

森林是相对持久的生态系统，为各种有害生物和其天敌提供了生境连续性。通过抚育管理等一系列营林措施，调节生境，建立和保护森林生态系统的生物多样性，改善天敌栖息环境，增强生态对林业有害生物的整体控制能力。因此营林措施在一定意义上也是治本措施。

对于尚未开发的或尚无人为直接干扰和破坏的天然林，应以自然控制为主，最大限度地不施加人为干扰，强调系统的自我调整；对于已遭到人为直接干扰和破坏的天然林，加强天然林系统的自我恢复和重建，提高和恢复其稳定性，达到自然控制的状态。

对于现有人工林，可根据具体情况，有针对性地实施相关营林措施，降低有害生物的基数，改善林分的卫生状况，促进林木的健康生长，提高林木的抗逆性和自我补偿能力，将林业有害生物危害程度控制在生态和经济阈值以内。对将要营造的林分，要多选择乡土树种，进行合理的混交，采用最佳的造林方式，逐步培育出自控能力强的森林。

在具体措施上，可采用营造各种类型混交林、对现有人工纯林予以改造、定期开展中幼龄林抚育、及时清理病死树和虫害木、有效开展封山育林，以及人工捕捉、砸卵、剪网幕、修枝等防治措施。另外，还要培育抗病虫树种或品系。

4.2.5.2　以预测预报和检疫为主的预防措施

预测预报和检疫是林业有害生物预防体系的重要组成部分，是实现由重除治向重预防转变的关键。监测预报是林业有害生物预防工作的基础，要建立以国家预测预报中心为龙头、省级预测预报中心和市地级测报站为枢纽、国家级中心测报点为骨干、县级测报点为支撑的监测预报体系，运用先进技术实现林业有害生物监测数据的规范采集、网络传输、智能处理，及时掌握发生动态，准确预报，为防治决策提供依据。林业植物检疫是阻止外来有害生物入侵、控制危险性林业有害生物传输扩散的关键措施和有效手段，要进一步完善林业植物检疫的法律法规体系，加强包括检疫隔离试种苗圃、检疫检查站、检疫除害设施、远程诊断系统的基础设施建设，加强行业、部门、区域间的密切合作，实现产地检疫、调运检疫和复检的全程监管。此外，还要定期进行疫情调查、开展风险评估，为检疫工作提供有力支持。

4.2.5.3　以生物防治为主的调控措施

生物防治具有对人畜安全、环境兼容性好、不杀伤天敌昆虫、选择性强、对生态影响小、不易使害虫产生抗药性等特点，是环境友好型防治体系中优先采用的方法。广义的生物防治不仅包括各种捕食性天敌、寄生性天敌，还包括生物源农药，以及昆虫信息素和昆虫生长调节剂、仿生制剂等。

目前，我国可选用的生物防治技术材料有：赤眼蜂、肿腿蜂、啮小蜂、蚜小蜂等天敌昆虫；多种食虫鸟、猛禽、蛇、鼬、狐等捕食性脊椎动物；昆虫病毒、苏云金芽孢杆菌、白僵菌、绿僵菌、粉拟青霉菌等微生物；阿维菌素、放线菌酮、农用链霉素等微生物源农药；性信息素、聚集信息素等昆虫信息素；灭幼脲、除虫脲、氟虫脲等仿生制剂。

4.2.5.4　以物理防治为主的辅助措施

物理防治一般没有污染，对环境相对安全，但目前可在生产上使用的方法不是很多，因此它是环境友好型防治体系中的一类辅助措施。经常使用的物理防治法有：以频振式杀虫灯为代表的灯光诱杀法，除直接消灭害虫外，还能根据成虫的出现高峰期等数据进行害虫发生期预报，根据雌雄成虫数量、雌成虫腹中卵数等数据进行发生量预报；利用某些害虫下树越冬习性，在树干设置塑料环进行物理阻隔；利用捕鼠夹、捕鼠箭、地炮、灭鼠弹、灭鼠雷等除治害鼠等。

4.2.5.5　以化学防治为主的应急措施

环境友好型防治要求使用高效、低毒、低残留的化学农药，并选择对环境影响小的施药技术。化学防治作为应急措施一般只在林业有害生物突发、高发期实施。要严格执行国家关于农药禁止和限制使用的相关规定。严格采用安全合理的施药方法，要做到对症用药、适时用药、严格掌握施药量、科学施药、合理混用农药、安全用药。

另外，在防治方法选择上，要注意病害和虫害防治途径的差异性，根据不同的防治途径选择不同的防治方法。

4.3 森林火灾

4.3.1 森林火灾的概念

森林火灾特指发生在森林内的脱离人为控制的林火，森林火灾的发生往往会对森林生态环境和人类造成一定危害和损失。对于森林生态环境而言，火灾会烧毁大量森林内的植被，破坏森林土壤中大量有机质，导致水土流失；同时火灾产生的高温会烧死森林中的昆虫和土壤微生物。除此之外，将森林作为栖息地的野生动物的生存环境也会受到森林火灾的负面影响。

森林火灾受到森林火源、森林可燃物、气象气候因素、地形因素和林区管理等因素的影响，深入分析森林火灾的各方面因素有助于全面掌握森林火灾的发展规律，帮助人类控制火灾的发生，减少火灾带来的损失。

4.3.2 森林火灾的影响因素

4.3.2.1 森林火源

根据引发森林火灾的火源不同，常把引起森林火灾的火源分为天然火源和人为火源。

天然火源主要是火山爆发、陨石坠落、泥炭自燃、雷击火等，其中雷击火引起的火灾约占全国范围内森林火灾的 1%~2%。2019 年 3 月 30 日 18 时许，四川省凉山州木里县雅砻江镇立尔村发生森林火灾，造成了 31 名扑火人员遇难。同年 4 月 5 日查明，此次森林火灾的起源为雷击火，火场总过火面积达 20hm²。目前世界各国对雷击森林火灾的预防措施，一是采用人工增水降低森林燃烧性和减少干雷暴的发生，二是加强对雷击火的探测、预报和监测。

人为火源是森林火灾的主要诱导因素，全国由于人为火源引起的森林火灾占到 98% 以上。因此，加强人为火源的管理是防止森林火灾发生的主要工作。人为火源包括烧荒、烧灰积肥等生产性火源和野外吸烟、祭扫烧纸等非生产性火源。针对人为火源的控制和管理，要坚持"预防为主、积极消灭"的工作方针。建立健全常态化、制度化、长效化的野外用火"十不准""六不烧"的火灾隐患排查制度，特别是对林农插花地段的农区、生活区道路两旁、房前屋后、穿山烟囱、输电线路及堆放农作物秸秆、饲（荒）草等较集中的地方。加大对进入林区旅游观景、闲散人员的管控力度，严禁一切火源进入林区，做到凡进必查、有火必收，从源头上加强火源管控，彻底消除火灾隐患。

4.3.2.2 森林火灾可燃物

可燃物类型是指具有明显的代表植物种、可燃物种类、形状、大小、组成以及其他一些对林火蔓延和控制难易影响的特征相似或相同的同质复合体。简言之，可燃物类型是占据一定时间和空间的具有相同或相似燃烧性的可燃物复合体。不同的可燃物类型具有不同的森林燃烧性，预示着发生森林火灾的难易程度、林火种类和能量的释放强度。调节可燃物类型的燃烧性是森林防火的基础，也是日常工作的内容，它贯穿于整个森林生长发育的全过程。可燃物类型是构成森林燃烧环的重要物质基础，也是林火预报的关键因子。

4.3.2.3　气象气候因素

气象气候因素是火灾发生区域和发生阶段的决定因素。气象因子中，空气湿度、温度和风对于火灾的发生和发展影响显著，其中又以空气湿度起决定性作用。空气湿度的大小直接影响可燃物的水分蒸发，当空气湿度低时，可燃物失水多，火灾容易发生和蔓延；当相对湿度≥75%时，发生火灾的概率大大降低。其次是温度，气温升高可以使可燃物的温度也升高，特别是在各地春季温度回升、相对湿度较低时，往往是火灾发生的高发期。风对于火灾发生具有两面性，一方面风可以降低森林中空气温度，另一方面风还会加速可燃物水分蒸发，在火源出现后则会发生"火借风势，风借火威"的情况，帮助火灾的蔓延。研究表明，大火和特大火灾的发生，往往是在5级风的天气条件下出现的，大风天气对森林火灾而言可以起到促进空气流通、加速燃烧、扩散燃烧物的作用。各个气象因素之间的作用是相互影响的，对于森林火灾的影响也是综合性的，在预测森林火险等级时，应考虑各要素的综合影响。

对于不同地区而言，容易发生火灾的季节是稳定的。我国地理位置处于北半球，东北、内蒙古林区，南方、西南林区和西北林区受大气环流和气候季风的影响，出现了干旱多风、湿润多雨、低温积雪等不同的自然条件，因而形成了不同时间的火险期(防火期)。

东北、内蒙古林区夏季降水量较大、空气湿润，冬季气温低、积雪封冻没有燃烧条件，林火多发生在春秋两个季节，火险期从3月下旬到7月中旬，火灾最多的是5月；秋季火险期从9月中旬到11月中旬，火险期100天左右，火灾最多在10月。

南方和西南林区一年中分干湿两季，干季降水少、气候干燥，容易发生火灾，因此这些地区只有一个冬春火险期，一般从11月中旬到翌年4月底，火险期150天，火灾最多的是2、3月。

西北林区(主要是新疆)年降水量少、冷热变化剧烈，特别是夏秋季风沙大、气候干燥，林火多发生在夏秋季，从7月底到9月底，火险期100天左右，火灾最多的是8、9月。

以上火险期也时常随每年气候变化，有时提前，有时向后推移。

4.3.2.4　地形因素

地形对火灾的影响主要表现在对局部气象环境的影响。

地形变化中，随着坡度的增加，水分流失加剧，可燃物干燥便易引起火灾；坡度较平缓的森林水分停留时间较长，林地潮湿，可燃物含水率高不易引起火灾。

坡向的不同造成各坡面阳光照射时长不同，南坡较北坡而言温度更高、湿度更低，较容易发生火灾，并且火灾往往由南坡向西坡、东坡和北坡方向蔓延。

坡位的不同影响着森林的水、热条件再分配，通常在山上部和山脊林地较干燥，可燃物易燃，且火灾蔓延速度较快；在山坡顶部，受重力影响可燃物聚集较少，火灾强度低，较易控制；而谷地发生火灾则由于可燃物数量多、火势还会顺坡蔓延，造成火势扩大。

海拔对森林火灾的影响体现在对森林地被物含水量的影响，海拔升高的森林地被物含水量也随之升高，不易发生火灾。特别是在一些亚高山地带或者分水岭附近，降水量明显增加，一般不易发生火灾。但是在高海拔地区，风速通常较大，一旦发生火灾，会加速火势蔓延。

4.3.2.5 林火行为

森林火灾从可燃物点燃起至熄灭的过程中，受到风、地形和坡度等因素的影响产生的各类特性和现象称为林火行为。常用林火蔓延、林火强度、林火种类等描述。

林火蔓延指的是森林着火后，火势向周围不断扩散。可燃物种类的不同会导致火灾的蔓延速度不同，除此之外还受到天气、地形等环境因子的影响。

分析和判断林火蔓延的趋势和方向，确定森林火场的形状对于森林火灾扑救工作极为重要。林火在蔓延过程中，火场形状的变化主要受到地形变化和风的影响。

根据林火的燃烧部位，林火一般分为地表火、林冠火和地下火3种。

地表火：火沿林地表面蔓延，烧毁地被物，危害幼树、灌木、下木，烧伤大树干基部和露出地面的树根等。一般温度在400℃左右，烟为浅灰色，约占森林火灾的94%。按其蔓延速度和危害性质又分为两类：急进地表火，其蔓延快，通常每小时达几百米至千余米，燃烧不均匀，常留下未烧地块，危害较轻，火烧迹地呈长椭圆形或顺风伸展成三角形；稳进地表火，其蔓延慢，一般每小时仅几十米，烧毁所有地被物，乔灌木低层枝条也被烧伤，燃烧时间长，温度高，危害严重，火烧迹地呈椭圆形。

林冠火：火沿树冠蔓延，主要由地表火在强风的作用下引起。破坏性大，能烧毁针叶、树枝和地被物等，一般温度900~1500℃甚至更高，烟柱可高达几千米，常发生飞火，烟为暗灰色，不易扑救，约占森林火灾的5%，多发生在长期干旱的针叶林内，一般阔叶林内很少发生。按其蔓延速度和危害程度又分为两类：突进式冠火，又称狂燃火，蔓延速度快，火焰跳跃前进，顺风时每小时可达8~25km，林冠火常将地表火远远抛在后面，形成上下两股火，火烧迹地呈长椭圆形；稳进林冠火，又称遍燃火，蔓延速度慢，顺风时每小时为5~8km，林冠火与地表火上下齐头并进，林内大部分可燃物都被烧掉，是森林火灾中危害最严重的一种，火烧迹地为椭圆形。由于林冠火温度高烟雾大，突进式林冠火和稳进式林冠火是无法进行扑灭的，只能借助自然环境如河流、溪流、沟壑等环境人工开辟隔离带，阻止火势蔓延，也是森林火灾中危害最大，伤亡最多的火情。绝大多数救火员在扑救森林大火时的伤亡来自树冠火，在扑救林冠火的时候由于地形和风向的影响由普通树冠火转变成稳进式林冠火和突进式林冠火，上千度的火焰产生的热浪近处只能生存7.5~18s，距离稍远的地方则很容易被热浪灼伤，产生的烟雾引起窒息也是人员伤亡的主要原因之一。

地下火：又称泥炭火或腐殖质火。火在林地的腐殖质层或泥炭层中燃烧，地表看不见火焰，只见烟雾，蔓延速度缓慢，每小时仅4~5m，持续时间长，能持续几天、几个月或更长，可一直烧到矿物质层或地下水层。破坏性大，能烧掉土壤中所有的泥炭、腐殖质和树根等，不易扑灭，火烧后林地往往出现成片倒木。约占森林火灾的1%，火烧迹地呈环形，多发生在特别干旱的针叶林地内。

4.3.3 森林火灾的灾情界定

按照受害森林面积和伤亡人数，森林火灾分为一般森林火灾、较大森林火灾、重大森林火灾和特别重大森林火灾。

①一般森林火灾。受害森林面积在 1hm² 以下或者其他林地起火的，或者死亡 1 人以上 3 人以下的，或者重伤 1 人以上 10 人以下的。

②较大森林火灾。受害森林面积在 1hm² 以上 100hm² 以下的，或者死亡 3 人以上 10 人以下的，或者重伤 10 人以上 50 人以下的。

③重大森林火灾。受害森林面积在 100hm² 以上 1000hm² 以下的，或者死亡 10 人以上 30 人以下的，或者重伤 50 人以上 100 人以下的。

④特别重大森林火灾。受害森林面积在 1000hm² 以上的，或者死亡 30 人以上的，或者重伤 100 人以上的。

4.3.4 森林火灾的监测与扑救

4.3.4.1 森林火灾监测

森林火灾监测是预防和发现森林火灾发生的重要途径，主要方法包括地面巡护、航空巡护、瞭望台定点观测和卫星监测。在开展森林火灾监测时，以上 4 种方法充分发挥各自优势，形成有机整体，组成林火监测系统。林火监测系统的任务就是及时发现火情，准确确定起火点位置和探测林火发生发展的全过程，为尽早做到森林火灾扑救"打早、打小、打了"提供全面、精确的信息。

（1）地面巡护

地面巡护是目前被林业基层单位广泛应用的方法，也是控制森林火灾发生的重要手段之一。地面巡护需要森林经营单位设置兼职或专职护林员，按巡护要求定期巡逻，同时监督林区用火情况、防火制度的实施，如果火灾发生，还应积极采取补救措施。地面巡护是控制人为火源的重要手段之一，其适用于人工林、风景林、森林公园和铁路公路两侧森林开展监测。

（2）航空巡护

航空巡护是指利用各类飞机在林区范围内按照一定的航线巡逻，如果发生火情，还需要及时向地面报告火灾位置。

航空巡护一般负责人烟稀少的雷击区和高火险地区。1952 年我国在东北林区开展航空护林，护林区域涉及黑龙江、内蒙古和吉林 3 个省份。1961 年开始于西南林区开展巡护工作。常用于巡护的飞机机型为运-5 运输机、运-12 运输机、伊尔-14 运输机等固定翼飞机和米格-8、直-9 等直升机。

（3）瞭望台定点观测

瞭望台定点观测是利用制高点上的瞭望台，定点观测森林火情。相较于地面巡护，瞭望台观测的范围明显增大，并且能及时地对火情进行推测和判断，对火灾的后续组织和扑救工作有着重大作用。

瞭望台的建设对于选址、观测面积、塔身结构、瞭望设备和人员配置都有一定的要求。从选址上来说，瞭望台必须在林区内形成观测网，从而做到无死角监测森林火灾；在选址时还应注意瞭望台应选在经营区的制高点，同时靠近林场和生活区，以便修筑瞭望台和照顾瞭望员生活的便利性。瞭望台的观测面积应根据林分情况、地形、地势、观测方法和能见度等确定。一般瞭望塔的观测面积在 500~1500hm²。瞭望塔结构通常为钢架结构或砖石结构，短期或者临时瞭望塔常采用木竹结构建造。瞭望设备通常含有观测设备，如罗盘仪、望远镜、林火测定仪、视频监测仪和红外摄影仪等；通信设备，如电话机、对讲机、短波电台等；其他附属设施，如数码相机、遮阳镜、计时器、气象观测设备和防雨设施等。瞭望员要求具备一定专业知识并持证上岗、身体健康、视力良好；熟悉观测区内的情况；熟练使用各种设备，掌握森林火灾相关知识。

（4）卫星监测

卫星监测是运用遥感卫星对林区火灾发生情况进行监测，通过对卫星数据进行处理，提取出红外热点，发现森林火灾。卫星监测对于边远地区和人烟稀少的地区林火监测较为有效，同时还可以对火灾的蔓延情况进行连续监测跟踪，为扑救工作的开展提供信息。

4.3.4.2 森林火灾扑救

森林火灾扑救是指对林火行为正确判断的前提下，快速有效地组织与指挥扑火力量，采用多种有效的灭火方法，灵活应用各类战术和战略，对森林火灾开展扑救。因为森林火灾往往复杂多变，火灾扩展速度快，所以林火扑救工作要遵循"打早、打小、打了"的原则，尽量通过日常训练和模拟练习降低因火灾扑救造成的人员伤亡的。

（1）扑火组织与指挥

①扑火队伍组成。目前，我国森林火灾扑救体系主要由专业扑火队、半专业扑火队、群众义务扑火队和航空护林系统组成。除此之外，一些重点林区、重点火险区和边远林区还会组成机动快速扑火队，由青壮年职工组成。在防火期间队员轮流值班，侦察火情，一旦发生火灾立即出动扑火。

②扑火现场指挥。扑火现场指挥是为了统一意志、统一行动，最大限度地发挥扑火队伍的战斗力，确保遵循"打早、打小、打了"的扑火原则，把损失降到最低，有效地保护森林资源、生态环境和人民群众生命财产安全。

在扑火现场，按照扑火预案设立扑火前线指挥部，同时委派指挥员和工作人员，全面负责指挥扑救森林火灾工作。扑火前线指挥部就是扑救火灾队伍的大脑。扑火指挥部的工作具有以下特点：复杂性、紧张性、果断性、坚韧性、连续性。因为其工作性质特殊，事关人民群众的生命财产安全，必须遵循对应的法则和对策，将主观意识和客观实际结合，要在客观的人力、物力条件下，充分利用天时地利，发挥主观能动性，把扑灭火灾的可能变为现实。

（2）扑火战略、战术应用

扑火战略、战术是统筹森林火灾扑救大局的大计。灵活应用扑火战略、战术是迅速取得扑火胜利的基本保证。扑救火灾过程中，指挥人员应该依据林火行为、可燃物、地形、天气等特点确定适宜的扑火战略、战术，将火灾的损失降至最低。

扑火战略首先要求安全第一，虽然保护森林资源固然重要，但人的生命高于一切。在扑救火灾的过程中，要善于保存扑火队员的精力和体力，严格纪律，合理指挥，切实做到安全扑火，防止出现扑火队员伤亡的事故。

在指挥扑火过程中，还要注重限制火进展地带和非限制火进展地带的划分。限制火进展地带分布有阻碍火势扩大、连续蔓延的天然或人工防火屏障；非限制火进展地带则为林火可以自由扩展蔓延的地带。在扑火过程中，应及时扑救非限制火进展地带的火情，扑火力量不足时，应先集中力量，将非限制火进展地带的火势控制住，然后组织力量逐个消灭限制火进展地带的火情。

在火势扩展、火情无法控制时，应注重牺牲局部、保全全局，对有较高价值的森林或有特殊意义的林分优先扑火，放弃一些价值较低的森林。

林火发生时，还应注意把握有利时机，特别是林火发展初期，小火和弱火、逆风火、下山火和密林下的地表火等情况，要快速集合队伍、迅速到达火场、了解火情、制定方案、下达命令、执行命令。

扑火战术是具体的森林火灾扑救方式。其中最基本的战术是分兵合围。分兵合围战术是指扑火队员先突破火线上的一点或多点，然后在每个突破点上兵分两路，分别沿着不同方向的火线，不断清理火场，直至与各支扑火队汇合，围住整个火场，彻底扑灭火灾。在运用分兵合围战术时，还要抓住 3 个关键环节：首先扑打真正的外围边界火线；其次要选准火场突破口，兵力分配得当；最后将火线围住，不留空隙。

4.3.5　中国重大的森林火灾

我国森林火灾发生次数总体呈现逐年递减趋势，表 4-1 是自 2004 年起全国森林火灾发生次数和受灾森林面积统计。将表转化为图 4-1、图 4-2 可以明显看出，全国森林火灾发生次数控制较好，受灾森林面积也在逐年降低，各项森林火灾预防措施初见成效。

表 4-1　2004—2021 年我国森林火灾发生情况

年度	森林火灾次数（次）	受灾森林面积（hm²）	年度	森林火灾次数（次）	受灾森林面积（hm²）
2004	13 466	142 238.26	2013	3929	13 724.38
2005	11 542	73 701.34	2014	3703	19 110.38
2006	8170	408 254.9	2015	2936	12 940.03
2007	9260	29 285.89	2016	2034	6223.75
2008	14 144	52 539.05	2017	3223	24 502.43
2009	8859	46 155.87	2018	2478	16 309.07
2010	7723	45 761.08	2019	2345	13 504.9
2011	5550	26 949.82	2020	1153	8526.2
2012	3966	13 948	2021	616	4000

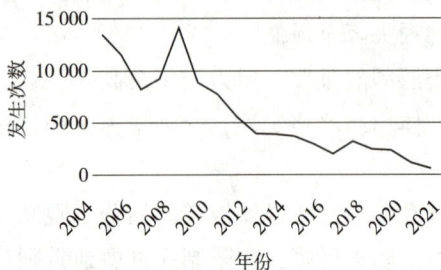

图 4-1　2004—2021 年我国森林火灾发生次数

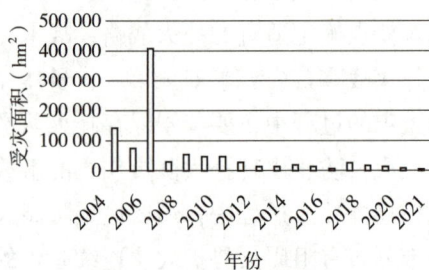

图 4-2　2004—2021 年我国森林火灾受灾森林面积

近年我国发生的重大森林火灾列举如下。

案例 1：1987 年 5 月 6 日，黑龙江省大兴安岭地区的西林吉、图强、阿木尔、塔河 4 个林业局所属的几处林场同时起火，引起新中国成立以来最严重的一次特大森林火灾。由 58 800 多名军、警、民（其中解放军官兵 3.4 万人，森林警察、消防干警和专业扑火人员 2100 多人，预备役民兵、林业职工和群众 2.27 万人）经过 28 个昼夜的奋力扑救，于 6 月 2 日将火场明火、余火、暗火全部熄灭，火场清理完毕，取得扑火胜利。至此，大兴安岭扑火战争取得了全面的胜利。

此次特大森林火灾火场总面积为 1.7 万 km²（包括境外部分），境内森林受害面积 101 万 hm²，大火中丧生 211 人，烧伤 266 人，受灾居民 1 万多户，灾民 5 万余人。人民的生命财产、国家的森林资源损失惨重，生态环境遭受巨大破坏，造成直接经济损失达 5 亿多元，间接损失达 69.13 亿元。

案例 2：2019 年 3 月 30 日 17 时，四川省凉山州木里县境内发生森林火灾。31 日下午，四川森林消防总队凉山州支队指战员和地方扑火队员共 689 人在海拔 4000 余米的原始森林展开扑救。扑火行动中，受风力风向突变影响，突发林火爆燃，形成巨大火球，在现场的 30 名扑火人员牺牲。

案例 3：2020 年 3 月 30 日 15 时 35 分，四川省凉山州西昌市经久乡和安哈镇交界的皮家山山脊处发生森林火灾，在救援过程中因火场风向突变、风力陡增、飞火断路、自救失效，致使参与火灾扑救的 19 人牺牲、3 人受伤。这起森林火灾造成各类土地过火总面积 3047.78hm²，综合计算受害森林面积 791.6hm²，直接经济损失 9731.12 万元。

案例 4：2020 年 4 月 14 日 17 时 35 分，西藏自治区林芝市巴宜区尼西村附近发生森林火灾，森林消防队伍、消防救援队伍、公安、当地武警官兵、民兵和地方干部群众等 3000 余人历时 4 昼夜持续扑救，明火于 4 月 18 日 17 时全部扑灭。此次扑救，共扑打火线 13km，清理烟点 4200 余处、站杆倒木 3900 余根，开设防火隔离带 3.5km，实施了两次人工增雨。

案例 5：2021 年 3 月 14 日 13 时许，云南省昆明市盘龙区茨坝街道与龙泉街道交界处三丘田附近发生森林火灾。火情发生后，昆明市森林消防支队 249 名指战员迅速赶往现场处置，地方扑救力量（地方专业扑火队员 256 人、半专业扑火队员 160 人、干部群众 155 人）紧密配合扑救。15 日 8 时 30 分，火场明火全线被扑灭。

思考与练习

一、名词解释

森林害虫，森林害虫大发生，侵染性病害，非侵染性病害，外来入侵植物，林火行为，林火蔓延，分兵合围战术，地表火，航空巡护，瞭望台定点观测，卫星林火监测，地面巡护，可燃物，一般火灾。

二、填空题

1. 森林害虫大发生的过程包括_____、_____、_____和_____。

2. 在林木生长发育过程中，如果_____或遭受_____的侵染，就会使林木在生理上、组织上、形态上发生一系列反常的病理变化，导致林产品的产量降低、质量变劣，甚至导致局部或整株死亡，造成经济损失或影响生态平衡，这种现象称为林木病害。

3. 瞭望台监测火情工作，需要的瞭望设备包括：_____、_____和其他附属设施。

4. 扑火现场指挥是为了统一意志，统一行动，最大限度地发挥扑火队伍的战斗力，确保遵循_____的扑火原则，把损失降到最低，有效地保护森林资源、生态环境和_____。

5. 根据火场周围地形，可燃物类型及其蔓延前方区域，将火场周围的一些地带划分为_____和_____两种战略灭火地带。

6. 扑火指挥部的工作具有以下特点：_____、_____、_____和_____。

7. 根据火烧森林的部位，可以将林火划分为：_____、_____和_____。

三、简答题

1. 林木病害的病状、病征各有哪些类型？

2. 昆虫具有哪些特征，与其他动物有什么不同？

四、论述题

1. 健康的森林应该具备哪些特征？

2. 影响森林健康的因素有哪些？

単元 5

森林碳汇

知识目标

1. 了解碳达峰和碳中和的概念和关系。
2. 了解碳达峰和碳中和的意义。
3. 熟悉林业在碳达峰和碳中和中的作用。
4. 熟悉森林碳汇与林业碳汇的联系和区别。
5. 了解森林碳汇的特点和作用。
6. 了解国内外森林碳市场发展概况。
7. 熟悉林业碳汇 CCER 项目。

技能目标

1. 能分析森林在碳循环中的作用。
2. 能运用案例分析林业碳汇 CCER 项目的运行过程和作用。

素质目标

1. 培养森林资源可持续经营和利用的生态意识。
2. 培养绿色低碳生产生活方式的环保意识。
3. 树立和践行绿水青山就是金山银山的理念。

5.1 碳达峰和碳中和

5.1.1 碳达峰和碳中和提出的背景

5.1.1.1 全球气候变暖

近百年来，全球气候变化的主要特征是变暖，这是因为自人类开始工业化以来，煤炭、石油等化石能源的广泛使用排放了大量的二氧化碳，导致大气中二氧化碳浓度升高，温室效应使得全球变暖。目前全球的平均气温较 1850 年的工业革命初期上升了近 1℃，且平均气温上升的速率明显提升。就我国气候变化的情况来看，近百年来，我国地表温度显著上升，上升速率明显加快，北方冬春增暖趋势明显。除此之外，气象数据显示 1950 年以来，我国极端降水明显增加增强，极端天气发生的频率越来越高。

气候变化给人类的生产生活带来严重威胁。全球气候变暖导致冰川与冻土消融，影响了下游大河的径流与水质，破坏了水资源系统的正常循环。气候的变化给农业生产造成不利影响，降低农作物的产量与品质，导致农业生产成本增加。极端天气事件频发，如洪水、干旱与森林火灾等更是对人类正常的生产生活产生巨大冲击，造成了严重的经济损失和人员伤亡。

2018 年 IPCC 审议通过的《全球 1.5℃增暖特别报告》指出，全球升温 1.5℃将对陆地海洋生态、人类健康、食品安全、经济社会发展等产生诸多风险，如果全球升温 2℃，风险将更大。总而言之，日益严峻的气候变化形势正在威胁着人类社会系统的稳定性，阻碍了全人类的可持续发展，必须通过行动减少温室气体排放。

5.1.1.2 经济发展阶段和发展方式转变

全球气候治理是科学问题，但归根结底是发展问题，碳排放权关乎国家的发展权。中国在现阶段提出"双碳"目标的承诺与本国的基本国情密切相关。

中国固定资产投资占国内生产总值(GDP)比重的拐点已经出现。纵观后工业化国家的发展史可知，在工业化城镇化阶段，围绕基础设施、建筑及工业设备产生了大量的固定资产投资，建设所需的钢铁、水泥、电解铝等材料需要消耗大量能源，造成了大量的碳排放；而到了后工业化阶段，经济的主要贡献开始转向以消费为主的第三产业，对能源的消耗量也自然降低，中国过去几十年的发展历程也是这样的一个过程。全社会固定投资总额自改革开放以来经历了快速的增长，基本保持着两位数以上的增速，占 GDP 的比重也一路攀升，2015 年固定投资比例一度达到 81.25%，而后固定投资总额增速与其占 GDP 的比重双双下滑，2019 年、2020 年固定投资总额增速出现负增长。此外，我国人口的城镇化率已于 2019 年突破 60%，城镇化的速率已经出现明显的放缓，无论是未来城镇化的空间还是城镇化的增速均十分有限。因此，我国在当前确立"双碳"目标，是源于我国经济社会的深刻变化。

中国处于工业化后期向后工业化过渡的阶段，已经具备了低碳发展的潜力。根据国家统计局的数据，2020 年中国的人均 GDP 为人民币 72 447 元，按当年全年平均汇率折算为 10 504 美元；第三产业占 GDP 比重超过 54.53%，超越第二产业的 37.80%；2020 年年末常住人口城镇化率超过 60%。综上指标对照工业化阶段的标准可以判断，我国当前大致处于工业化后期，正逐步地向后工业化阶段迈进。从后工业化国家的发展规律来看，工业化中期阶段，主导产业通常为资本密集型和能源密集型的重工业，如钢铁、水泥、电力；到了工业化后期，主导产业逐渐转向制造业和生产性服务业，如汽车、装备制造和交通运输业；后工业化阶段，主导产业则表现为以金融、教育、信息、医疗等服务业为主。显然，从工业化后期开始，我国对碳的排放将开始出现下降。

5.1.1.3　生态文明建设要求

"双碳"目标是我国践行生态文明理念的重要抓手。生态文明建设是"五位一体"发展理念的重要方面。要实现"双碳"目标，必须逐步调整能源结构与产业结构，通过技术革新和制度创新，逐渐减少传统化石能源的消耗，发展和使用更加清洁的能源，发展能源消耗更少的产业，这正符合绿色发展理念。因此，"双碳"目标是生态文明建设的重要内容之一，是实现美丽中国目标的必由之路。从国际角度来看，我国从参与者向引领者蜕变，主动担负大国责任，对于树立大国形象、提升全球气候治理的话语权有重要意义。

目前，国际上已有 100 多个国家和地区以立法、法律提案以及政策文件等形式提出碳中和的目标。在这种背景之下，中国结合自己的国情和发展阶段，提出"双碳"目标，也是十分必要的。

5.1.2　碳达峰和碳中和的概念

5.1.2.1　碳达峰

碳达峰是指某个地区或行业年度二氧化碳排放量达到历史最高值，而后经历平台期进入持续下降的过程，是二氧化碳排放量由增转降的历史拐点。碳达峰标志着碳排放与经济发展实现脱钩，达峰目标包括达峰年份和峰值。我国承诺 2030 年前，二氧化碳的排放不再增长，达到峰值之后逐步降低。

5.1.2.2　碳中和

碳中和是指测算某个地区在一定时间内人为活动直接和间接排放的二氧化碳总量，然后通过植树造林、节能减排等形式，抵消自身产生的二氧化碳排放量，实现二氧化碳"零排放"。碳中和涉及政府行为、企业行为、个人行为，需要全民族的共识和全社会的行动。我国承诺努力争取 2060 年前实现碳中和。

5.1.2.3　碳达峰与碳中和的关系

碳达峰与碳中和紧密相连，碳达峰是碳中和的前置条件，只有实现碳达峰，才能实现碳中和。碳达峰的时间和峰值水平直接影响碳中和实现的时间和难度：碳达峰时间越早，实现碳中和的压力越小；峰值越高，实现碳中和所要求的技术进步和发展模式转变的速度就越快、难度就越大。碳达峰是手段，碳中和是最终目的。碳达峰时间与峰值水平应在碳中和愿景约束下确定。峰值水平越低，减排成本和减排难度就越低；从碳达峰到碳中和的时间越长，减排压力就会越小。

5.1.3　碳达峰和碳中和的意义

"双碳"目标是党中央结合我国国情和发展现状及阶段做出的切实可行的承诺和指引，

为未来经济社会发展确立了一盏明灯，同时也划定了红线，必将对未来中国的经济社会发展和人们的生活方式产生极为深远的影响。

5.1.3.1 引导中国经济走向更加绿色和可持续发展

要实现"双碳"目标，意味着必须分步骤分阶段转变我们的经济发展方式和产业结构，逐渐减少甚至退出高耗能的产业、生产方式，大力发展数字经济、循环经济，大力推动环保、绿色能源、文化等新兴产业发展。这样的发展不仅有利于提升我国的环境质量，也有利于政府降低债务，实现更为可持续的发展。

5.1.3.2 形成更加健康和可持续的生活方式

要实现"双碳"目标，产业结构调整升级和生产方式变革是重头戏，但生活方式转变也不可忽视。要在全社会大力宣传倡导低碳理念和生活方式，呼吁更多的人乘坐公共交通、步行或者使用自行车通勤，逐渐禁止燃油车销售，倡导人们更多使用低碳建筑。随着这些低碳生活方式的普及，人类将更好地与大自然和谐相处。

5.1.3.3 提升我国能源安全

"双碳"目标对我国的能源安全具有重要意义。我国的能源结构中煤炭占比最大，石油占比较小，而我国生产的石油不足以满足消耗的需求，石油供给对进口依赖很大，因此无论是从降低总的能源消耗角度，还是从降低化石能源的依赖角度，降低碳排放都对我国的能源安全具有很重要的意义。

5.1.4 林业在碳达峰和碳中和中的作用

发展林业是应对气候变化的重要途径和战略选择，通过实施大规模造林、天然林保护修复和林业科技创新等林业工程，可显著提升森林生态效益价值，进而助力碳达峰碳中和。

随着大规模造林和天然林保护修复，我国森林资源得到了有效的保护和发展，森林面积和蓄积量均有较大幅度增长，森林碳汇量也大幅度增加。第九次全国森林资源清查显示，我国森林面积 2.2 亿 hm^2，森林蓄积量 175.6 亿 m^3，森林植被总碳储量 91.86 亿 t。2018 年，我国森林面积和森林蓄积量分别比 2005 年增加 4509 万 hm^2 和 51.04 亿 m^3，比第八次全国森林资源清查期末 2013 年分别增加 1266 万 hm^2 和 22.79 亿 m^3，成为同期全球森林资源增长最多的国家，对应两个时期的森林碳储量分别增加了 11.69 亿 t 和 5.53 亿 t。第九次全国森林资源清查显示，我国人工林面积 7954.28 万 hm^2，是世界上人工林面积最大的国家，发展人工林对森林碳汇作用巨大。中幼龄林占我国森林面积的 60.94%，中幼龄林处于高生长阶段，伴随森林质量不断提升，碳汇增长潜力较大。这对我国二氧化碳排放力争 2030 年前达到峰值、2060 年前实现碳中和具有重要作用。

5.2 森林与碳循环

5.2.1 碳分布

5.2.1.1 碳分布的形式

当前，地球上已知的含有碳元素的物质已有数千万种，碳元素在地球生物圈、岩石圈、水圈及大气圈中交换，并随地球的运动循环不止。在自然界中，地球上最大的储存碳元素的"仓库"是岩石圈，其中所储存的碳元素的量约占地球上碳元素总量的99.9%，在这两个"仓库"中的碳元素迁移、转化活动缓慢，起着贮存库的作用。除此之外，地球上还有3个储存碳元素的"仓库"：大气圈库、水圈库和生物库。这3个库中的碳在生物和无机环境之间迅速交换，容量小而活跃，实际上起着交换库的作用。

5.2.1.2 碳分布的特点

当前，对全球碳库及库与库之间的转移量以及转移速率等关键性数值的估计差异较大。大气层中的碳总量为 $7.0×10^{14}$ ~ $7.5×10^{14}$ kg。大气层的二氧化碳浓度正处于加速上升阶段，因而其碳储量的估计值显然与估算的时间有一定的关系。地壳碳储量最大，估计值相差也大，不过它们与其他库的交换很小，因此一般不会给碳流量的估算带来大的误差。海洋是仅次于地壳的大碳库，也是最大的一个汇。通常估计海洋中的碳储量时将其分为表层和深层两个亚库，其中表层亚库与大气有较频繁和较稳定的碳交流。陆地生物群落包含的碳量为 $5.5×10^{14}$ ~ $5.6×10^{14}$ kg。在各个库中，陆地生物群落最容易受到人类活动的干扰，因此也是对大气二氧化碳浓度变化影响最大的分库。海洋碳储量虽大，但与大气处于相对稳定的碳交换状态，目前一般估计的海洋与大气的交换是每年吸收 $2.0×10^{12}$ ~ $3.0×10^{12}$ kg的碳。陆地生物群落在未受干扰状态，以吸收固定二氧化碳为主，一旦受破坏，则要向大气排放大量的二氧化碳。

5.2.2 碳循环

碳循环是指碳元素在地球上的生物圈、岩石圈、水圈及大气圈中交换，并随地球的运动循环不止的现象。

5.2.2.1 碳循环的主要类型

（1）生物圈中的碳循环

生物圈中的碳循环主要表现在绿色植物从大气中吸收二氧化碳，在水的参与下经光合作用转化为葡萄糖并释放出氧气，有机体再利用葡萄糖合成其他有机化合物。有机化合物经食物链传递，又成为动物和细菌等其他生物体的一部分。生物体内的碳水化合物一部分作为有机体代谢的能源经呼吸作用被氧化为二氧化碳和水，并释放出其中储存的能量。

（2）岩石圈中的碳循环

岩石圈中的碳多数是无机碳，少数有机碳作为干酪根在页岩里。这些岩石圈里的碳，绝大部分并不直接参与地表的碳循环，但有两种例外：一是海底的碳酸盐沉积；二是地下的"化石燃料"。前者是海洋碳循环的归宿，从水圈进入岩石圈；后者是人类开采利用的能源，从岩石圈放回大气圈。地球深部的碳含量人类尚不清楚，只能根据陨石提供的地球物质来源或大洋中脊流出的地幔物质进行推算。地球深部与表层的碳循环主要由地表的碳酸盐通过板块俯冲带入深部地貌，然后通过火山作用把深部碳以二氧化碳的形式释放到大气。

（3）水圈中的碳循环

大洋水体是地球表层碳库中最大的一个，其碳储库主要在中、深层水，这并不是因为深层水的无机碳浓度太高所致，而是因为深层水的体量远高于表层水。大洋是地球表层不同圈层之间碳交换的主要场合，因此海洋水体的碳有着强烈的时空变化。对于大气，海水是大气二氧化碳浓度变化的缓冲剂，通过海气交换形成表层二氧化碳分布的地理格局；对于海底，海水调节着海底碳酸盐的沉积与溶解，可以带来海水中二氧化碳浓度的垂向变化。

（4）大气圈中的碳循环

大气圈的碳含量比水圈和岩石圈的碳含量小很多，也正因如此，大气圈中二氧化碳对浓度变化比较敏感，其他圈层碳含量的轻微变化，都可能通过温室效应影响气候。

5.2.2.2 碳循环的主要形式

在大气中，二氧化碳是含碳元素的主要气体，也是碳元素参与物质循环的主要形式。大气中的二氧化碳与陆地动物、植物体内的含碳化合物的迁移转化主要通过以下形式达成。绿色植物从大气中获得二氧化碳，经过光合作用转化为葡萄糖，再通过化学反应形成植物体的碳化合物，经过食物链的传递，成为动物体的碳化合物。植物和动物的呼吸作用把摄入体内的一部分碳转化为二氧化碳释放入大气，另一部分则构成生物的机体或在机体内贮存。动植物死后，残体中的碳通过微生物的分解作用也成为二氧化碳而最终排入大气。这个循环过程主要发生在大气和陆地生物体之间。在自然界中，水中所溶解的二氧化碳，与水生植物、动物之间也存在着类似碳循环。除此之外，在水体中，二氧化碳与碳酸、碳酸盐之间还存在着复杂的转化关系。

除了以上循环体系外，大气和水体之间还在时刻不停地进行着二氧化碳交换。二氧化碳可由大气进入海水，也可由海水进入大气，这种交换发生在气和水的交界处，由于风和波浪的作用而加强，这两个方向流动的二氧化碳量大致相等，大气中二氧化碳量增多或减少，海洋吸收的二氧化碳量也随之减少或增多。

进入工业时代之后，人类大量开发和使用化石燃料，把地球存储下来的碳元素转化为二氧化碳释放到大气中，从而导致大气中二氧化碳逐渐增加、浓度持续升高，破坏了自然界原有的平衡，温室效应也随之增强。大气中的二氧化碳含量升高又会导致水体中所溶解的二氧化碳的量增加，从而引起海水中酸碱平衡和碳酸盐溶解平衡的变化。

5.2.3 森林碳储量

森林碳储量，是指森林生态系统各碳库中碳元素的储备量（或质量）。森林因其具有吸收二氧化碳、放出氧气的特殊功能，而被称为"地球之肺"。森林生物量约占整个陆地生态系统生物量的90%，生产量约占陆地生态系统的70%，森林以其巨大的生物量储存着大量的碳，是陆地上最大的储碳库，因此森林生态系统在全球碳循环过程中起着至关重要的作用。

5.2.3.1 森林碳储量情况

联合国粮食及农业组织2021年评估结果表明，全球森林约40.6亿 hm^2，约占总陆地面积的31%，森林碳贮量高达6620亿 t。截至2021年，我国森林面积达2.2亿 hm^2，森林蓄积量175.6亿 m^3，森林植被总碳储量91.86亿 t。同时，我国森林资源中幼龄林面积占森林面积的 60.94%，中幼龄林处于高生长阶段，伴随森林质量不断提升，具有较高的固碳速率和较大的碳汇增长潜力。

5.2.3.2 森林碳储量碳库的组成部分

森林碳储量碳库由地上活体植物生物质、地下活体植物生物质、枯落物、枯死木以及土壤 5 个碳库组成。

①地上活体植物生物质。地表以上以干重表示的所有活体植物的重量，可分为乔木层（干、桩、枝、皮、种子、叶）和下木层（灌木、草本和幼树）。

②地下活体植物生物质。地表以下以干重表示的所有活体植物的重量，包括根状茎、块根、板根在内的所有根茎。

③枯落物。土壤层以上，直径小于 5.0cm，处于不同分解状态的所有死的植物体，包括凋落物、腐殖质以及死根。

④枯死木。枯落物以外所有死的林木生物质量。

⑤土壤。土壤矿质土和有机土（泥炭土、砂砾层）中的有机碳储量。

5.2.3.3 森林固(储)碳特点

(1)森林固(储)碳持久而稳定

森林不仅储碳量大，而且固碳时间长，林木产品只要不腐烂、不燃烧，其固碳能力就会长期、稳定地持续下去。例如，家具等木制品固碳时间可达几十年、上百年；北京故宫等古建筑所用的木材，固碳时间长达几百年、上千年；新疆的胡杨林有"活着一千年不死，死了一千年不倒，倒了一千年不朽"的特点，固碳的时间则更长。因此，木材及木制品固碳时间长且稳定。

(2)森林固(储)碳成本低、易施行

与森林相比工业直接减排成本较高，推行难度较大。据清华大学气候变化与可持续发展研究院 2021 年统计，如钢铁、石化等行业属于排放大户，也是难以减排的领域。例如，钢铁生产需要使用焦炭作为还原剂，化工行业需要来自化石能源的氢气作为原料，这些领域每年排放二氧化碳近 15 亿 t，占到全国能源碳排放量的 15% 左右，若减排则成本非常高，而且化石能源用作工业原料时，很难利用可再生能源如电力来替代。

(3)森林固(储)碳功能多样

森林不仅具有固碳功能，还具有其他众多的生态功能、经济功能和社会功能。森林不仅是最大的储碳库，还是地球上最大的资源库、能源库、基因库和绿色水库等，对涵养水源、防风固沙、保护物种、调节温湿度、改善小气候和维护生态平衡具有不可替代的作用，同时还能为人类提供众多的林产品和林副产品，增加社会就业，促进经济发展等综合效益。

5.2.4 森林碳循环

森林碳循环，是指森林植被通过光合作用，把空气中的二氧化碳合成有机物质，又经过微生物的分解和植株呼吸而放出二氧化碳的一种碳循环过程。在自然状态下，森林进行二氧化碳光化，将其固定于生物量中，同时以根生物量和枯落物碎屑形式补充土壤的碳量。在同化二氧化碳的同时，存在林木呼吸和枯落物分解释放二氧化碳进入大气这一逆过程，且固定于木质部分的二氧化碳也会在一定时间后腐烂或被烧掉，以二氧化碳的形式归还大气。因此，从很长的时间尺度考察森林对大气二氧化碳浓度变化的作用，其影响是很小的，只能是一个并不很大的汇。但从短时间尺度来考察，单位森林面积中的碳储量很大，林下土壤中的碳储量更大，因此森林变化(人类干扰)就有可能引起大气二氧化碳浓度较大的波动。

5.2.4.1　森林碳循环与碳汇和碳源

森林生态系统是陆地中重要的碳汇和碳源，在这个系统中，森林的生物量、植物碎屑和森林土壤固定了碳素而成为碳汇；森林以及森林中微生物、动物、土壤等的呼吸、分解则释放碳素到大气中成为碳源。如果森林固定的碳大于释放的碳就成为碳汇，反之成为碳源。在全球碳循环的过程中，森林是一个大的碳汇，但随着森林破坏、退化的加剧以及一些干扰因素(如火灾)的影响，森林生态系统就可能成为碳源，这将进一步加剧全球的温室效应，导致生态的进一步恶化。

5.2.4.2　森林生态系统在碳循环中的作用及决定因素

从人类认识到温室气体尤其是二氧化碳浓度的升高会使全球气温变暖，从而带来一系列严重生态环境问题时，就展开了对碳循环的研究。而森林生态系统作为吸收二氧化碳、释放氧气的一个大碳汇，在碳循环中起着非常重要的作用。全球森林面积为 40.6 亿 hm^2，其中热带、温带、寒带分别占 32.9%、24.9% 和 42.1%。全球陆地生态系统地上部的碳为562Gt，森林生态系统地上部的含碳量为483Gt，占了 86%。全球陆地生态系统地下部含碳量为1272Gt，而森林地下部含碳约927Gt，占整个世界土壤含碳量的 73%。森林生态系统在碳循环中的作用主要取决于以下几个因素。

(1)生物量

森林生态系统的生物量贮存着大量的碳素，如按植物生物量的含碳量为 45%~50% 计算，那么整个森林生态系统的生物量将近一半是碳素含量。森林的生物量与其成长阶段的关系最为密切，其中碳的累积速度在中龄林生态系统中最大，而成熟林和过熟林由于其生物量基本停止增长，其碳素的吸收与释放基本平衡。从森林的年龄结构来估算吸收碳素的潜力是决定森林生态系统碳汇功能的一个主要方面。目前，我国森林的结构以幼龄林、中龄林居多，因此我国森林生态系统中植物固定大气碳的潜力很大。据王效科等估算，我国森林生态系统潜在的植物总碳贮量为8.41Pg，现有的实际碳贮存总量只是潜在的植物总碳贮量的44.3%。因此，如果我国的森林生态系统得到切实有效的保护，那么它将是我国一个重要的碳汇。

(2)林产品

森林生态系统林产品的固碳量是个变化很大的因子。一般林产品根据其使用寿命可分为短期产品和长期产品，像燃料用木、纸浆用木等属于短期产品，而胶合板、建筑用木则属于长期产品。林产品使用寿命的长短在很大程度上也决定着森林生态系统的碳汇功能，使用寿命长的林产品可以延缓碳素释放，缓解全球大气碳浓度的增加，一般来说，耐用林产品的使用寿命可达 100~200 年，在这么长的时间里，通过再造林完全可以实现碳素的良性循环。因此，应尽量加工耐用、使用寿命长的林产品。

（3）植物枯枝落叶和根系碎屑

这一部分含碳量在整个森林生态系统中所占比例虽少，但也是一个不容忽略的碳库，减缓它的沉淀和分解对于森林生态系统的固碳量也起到一定的作用。

（4）森林土壤

这是森林生态系统中最大的碳库。不同的森林其土壤含碳量具有很大的差别，在北方森林中森林土壤占到其总碳量的 84%；温带森林土壤中的含碳量占到其总碳量的 62.9%；在热带森林中，土壤中的含碳量约占整个热带森林生态系统碳贮量的 50%。全球森林土壤的含碳量为 927Gt，是森林生态系统地上部的 2~3 倍。国内外很多学者都认识到森林土壤碳库的重要作用，纷纷对其展开研究。目前，研究土壤碳库及其碳循环和全球变化已成为土壤学的一个新的发展方向。

5.3 森林碳汇与计量贸易

5.3.1 森林碳汇和林业碳汇

5.3.1.1 森林碳汇的概念

森林碳汇是指森林植物吸收大气中的二氧化碳并将其固定在植被或土壤中，从而减少其在大气中的浓度。森林是陆地生态系统中最大的碳库，在降低大气中温室气体浓度、减缓全球气候变暖中，具有十分重要的作用。扩大森林覆盖面积是未来 30~50 年经济可行、成本较低的重要减缓措施。许多国家和国际组织都在积极利用森林碳汇应对气候变化。2021 年全国林草生态综合监测评价工作各项任务已圆满完成。监测结果显示，我国森林面积和蓄积量稳步增长，生态空间质量稳中向好；结构有所改善，保护格局初步形成，利用格局趋于科学，生态产品供给能力增强，森林碳汇能力稳步提升。

5.3.1.2 林业碳汇的概念

林业碳汇是指通过实施造林与再造林、森林管理、减少毁林等活动，吸收大气中的二氧化碳并与碳汇交易结合的过程、活动或机制。

5.3.1.3 森林碳汇与林业碳汇的联系和区别

从属性上看，森林碳汇是专指生态系统中能量、信息流动的过程，只具有自然属性；而林业碳汇是人类通过造林与再造林、减少对林木的砍伐、保护环境等活动，促进二氧化碳的吸收，并对此碳汇进行交易的过程、活动或机制，因此具有自然属性及社会经济属性。从范围上看，森林碳汇的来源是整个森林系统，而林业碳汇的来源是造林与再造林项目的林木。从可交易性上看，并不是所有的森林碳汇都可以交易，只有所有权清晰的商品才能进入市场交易。森林碳汇和林业碳汇中都有来自森林生态系统的碳汇，而森林生态效益具有较强的外部性，需要借助严格的计量方法学才能将其量化，并且通过严格的设计、审定、计量和核证程序才可以确定碳汇所有权。碳汇所有权确定后，方可投入市场，按照市场规则进行交易。

5.3.2　森林碳汇的特点

5.3.2.1　属于稀缺资源

相对于人类社会日益增长的二氧化碳排放量和排放速度，森林资源的总量、规模及质量具有有限性，随着人们对于碳汇的需求量不断增加，碳汇的价值被认可，但其数量不足以满足人类的需求。因此，森林碳汇就成了一种稀缺资源。

5.3.2.2　属于公共产品

公共产品是指政府向社会所有成员提供的各种公共服务以及公共设施的总称，是不论个人是否愿意购买，都能使整个社会所有成员获益的物品。森林的碳汇能够降低大气中二氧化碳的浓度，减缓全球气候变暖的速度，不仅具有代内效益，而且能产生代际效益。全体社会成员能互不干涉、互不影响地享有同样的成果，彼此间并不存在排斥性和竞争性的关系。因此，森林碳汇是具有全球性的生态公共产品。正是由于碳汇的这种公共产品属性，否定了用普通市场手段来进行碳汇市场资源配置的可能性。

5.3.2.3　具有外部经济性的特征

外部性的概念是 19 世纪由马歇尔在其所著的《经济学原理》一书中提出的。20 世纪 30 年代，外部性概念正式运用于由庇古创立的旧福利经济学中。简单地说，外部性就是在没有市场交换的情况下，一个生产单位的生产行为或消费者的消费行为，影响了其他生产单位或消费者的生产过程或生活标准。森林碳汇能减缓全球气候变暖，使全人类受益，具有典型的公共外部经济的特征。无论森林资源拥有者或经营者是否出于主观意愿，只要他们客观上进行了造林或森林管护等活动，森林就必然会吸收并固定二氧化碳，森林就会自然而然地发挥其碳汇作用。然而，在无政府干预和产权不明晰的状况下，森林资源的经营者并不能因此获得任何形式的报酬，其效益也不能得到价格上的合理反映。

5.3.3　森林碳汇的作用

5.3.3.1　提供经济有效的碳吸收和储存

科学研究表明，林木每生长 $1m^3$，平均吸收 1.83t 二氧化碳，放出 1.62t 氧气。全球森林对碳的吸收和储量占全球每年大气和地表碳流动量的 90%。国内专家研究指出，在中国种植 $1hm^2$ 森林，每储存 1t 二氧化碳的成本约为人民币 100 元，这与非碳汇措施减排每吨碳成本高达数百美元形成了鲜明反差。据专家测算，一个 20 万 kW 机组的煤炭发电厂每年约排放 87.78 万 t 二氧化碳，可被 3.2 万 hm^2 人工林每年吸收的二氧化碳当量抵消；1 架波音 777 飞机在北京与上海之间往返约 4h，每天往返一次，每年约排放 28 032t 二氧化碳，可被 $1000hm^2$ 人工林每年吸收的二氧化碳当量抵消；1 辆奥迪 A4 汽车每年的二氧化碳排放量约为 20.2t，可被 $0.7hm^2$ 人工林每年吸收的二氧化碳当量抵消。可见，森林碳汇是最为经济的碳吸收手段。

5.3.3.2　缓解气候变化

森林碳汇已经成为缓解气候变化的根本措施之一。恢复和保护森林作为减排的重要措施受到了国际社会的高度重视，并被写入了《京都议定书》。联合国政府间气候变化专门委员会曾在全球气候变化评估报告中指出：与林业相关的措施，可在很大程度上以较低成本减少温室气体排放并增加碳汇，从而缓解气候变化。目前，许多国家和国际组织都在积极推动森林间接减排政策的制定，以进一步发挥森林在应对气候变化中的特殊作用。例如，为实现碳达峰、碳中和目标，我国积极推进天然林资源保护、退耕还林还草、防护林体系等重点生态工程建设；提升森林、草原、湿地的碳贮存和碳吸收能力，从而增加相关生态系统的碳贮存和碳吸收能力。

5.3.3.3 推进碳中和目标的实现

应对气候变化是当前我们向国际承诺的一个重大事务。我国把国土绿化与应对气候变化有机结合起来，平均每年增加的森林碳储量都在 2 亿 t 以上，折合碳汇 7 亿~8 亿 t。随着森林面积的扩大和森林蓄积量的提升，森林碳汇还将逐步提高，森林碳汇在未来应对气候变化、实现碳中和的目标当中，将会扮演越来越重要的角色。

5.3.4 森林碳汇计量

5.3.4.1 森林碳汇计量的概念

森林碳汇计量是指估算森林的碳储量，评价森林碳汇功能的计算或监测方法。随着《联合国气候变化框架公约》的提出和《京都议定书》的签署，越来越多人认识到了森林碳汇在减缓全球气候变暖和发展低碳经济中的重大作用，森林碳汇的计量问题也愈发重要。

5.3.4.2 森林碳汇计量的发展

"十四五"时期是我国实现碳达峰和碳中和"双碳"目标的关键时期，除了减少工业碳排放外，森林和草原是增强碳汇功能的"主力军"。近年来，我国森林面积和蓄积量稳步提升，在碳汇上发挥着越来越大的效能。但是由于缺乏科学、统一的碳汇计量和监测方法，森林碳汇量未能准确体现出来，这将影响我国在国际碳汇市场和国际控制气候变化中的地位。为了能科学计量林草，特别是森林的碳汇量，助力实现碳达峰和碳中和"双碳"目标：一是要研究出一套科学的、国内外普遍认可和接受的科学精准的碳汇计量方法，为我国的碳汇计量提供技术支撑，如把专项林业贷款向林草全口径碳汇研究倾斜，并纳入林业示范项目予以扶持；二是要加大对现有林草生态综合监测站建设支持力度，全面提升观测能力，为国家提供准确、可靠的林草碳汇基础数据；三是在持续进行林业生态工程的同时，切实加强对现有森林的抚育、经营和管理，实施森林质量精准提升工程，提高森林质量和稳定性，进一步增加森林碳汇能力。

目前，我国现有森林多以中幼林为主，而且林相参差不齐，病虫害发生严重，急需加强科学抚育管理、做好病虫害防治、及时清理虫害木、增加林分树种多样性、保护生物多样性。同时，还要通过加大抚育补贴资金，提高补贴标准，全面提升我国森林的碳汇能力，为实现"双碳"目标贡献力量。

5.3.4.3 森林碳汇计量的方法

当前，森林碳汇计量的方法主要有森林碳汇的实物计量和货币计量两种。

(1)森林碳汇的实物计量

①生物量法。生物量是指某一时刻单位面积内实存生活的有机物质(干重)。生物量法

是根据单位面积生物量、森林面积、生物量在各林木器官中的分配比例、林木各器官的平均含碳量等参数计算而得。该方法的优点是操作简便、技术直接、具有很高的实用性，但是测量结果往往存在很大的误差，一是采用生物量法进行测量时，往往选择林木生长旺盛的区域作为样本，从而测得森林碳汇量整体偏高；二是在使用这种方法进行测量时，往往只考虑地上部分，地下部分的植被碳含量很难获取。

②蓄积量法。蓄积量法是利用森林蓄积量数据求得生物量，以换算成森林碳汇量的碳估算方法。其具体原理是在林中选若干个面积一致、有代表性的样地，每个样地内量测每株树的胸径、树高，并分别记清树的种类，根据胸径、树高查询相应林木种类的二元立木材积表，把样地内的所有单株蓄积量相加起来。再将几个样地进行平均进而推算出整个林地的林木蓄积量。利用林木蓄积量和生物量之间的转换系数求得生物量，再利用生物量与固碳量之间的转换系数最终求得森林的碳汇量。蓄积量法继承了生物量法的优点，但是仍存在一些误差，例如，在对转换系数的选择上，只考虑了树种，而对其他因素没有加以考虑。

（2）森林碳汇的货币计量

①成本法。森林碳汇的成本法评估是指在评估基准日运用现有的生产材料和技术手段重新生成与原有森林碳汇具有同等功能效用的森林碳汇所需要的成本的一种方法。由于森林碳汇是附着在林木上的，因此在运用成本法评估碳汇资产的价值时，应该运用一定方法分离森林的成本和碳汇的成本，也就是合理确定森林的成本系数的值，以便能合理估计森林碳汇的价值。

②市场法。森林碳汇的市场法评估，是通过分析最近被出售或被许可使用涉及的类似无形资产，并将待评估的森林碳汇与这些成交的无形资产进行对比，在此基础上再进行差异调整而得到其评估价值的过程。我国森林碳汇交易市场还存在缺乏开展森林碳汇交易的技术支撑和政策保障、森林碳汇交易机制远未形成等诸多问题，因此在使用市场法评估森林碳汇价值时，必须充分考虑不稳定的市场因素和较少的可比案例因素带来的潜在风险。

③收益法。森林碳汇的收益法是根据资产在未来可获得的收益情况来确定其价值的方法，包括预期经济收益、收益期限、资本化率3个基本方面。收益法方法简单，可操作性强，但是需要合理预估未来的森林碳汇交易价格，主观性强，易有失公平，因此对相关评估人员的专业性以及相关法律法规的规范性要求高。

综上，3种计量方法各有优缺点。在实际计量中，应根据实际情况，如综合考虑研究目的和研究费用等因素确定适宜的计量方法。

5.3.5 森林碳汇贸易

5.3.5.1 国内外森林碳汇市场发展概况

（1）国际森林碳汇市场

①国际森林碳汇市场的产生。碳汇交易始于1992年签署的《联合国气候变化框架公约》，自《联合国气候变化框架公约》第三次缔约方大会于1997年正式签署《京都议定书》以来，碳汇交易得以稳步发展。随后，在《波恩政治协议》和《马拉喀什协定》这两项《京都

议定书》后续的协议中，国际上又同意将造林、再造林活动作为合格的清洁发展机制项目运用于第一承诺期内。随着遏制全球变暖的一系列国际谈判的开展，有关林业碳汇的规则及要求相继提出并逐步完善。尽管交易中还存在确定基线难、交易成本高、市场风险大等种种问题，但不可否认的是碳汇交易为森林生态服务功能提供了市场化交换方式，实现了森林生态价值的市场补偿，对于融资发展林业、保护生态环境具有重要的意义。随着《京都议定书》的生效和实施，森林碳汇因为具有较其他减排方式更高效、更经济的优势，而成为碳减排的主要替代方式，它所产生的经核证后的碳汇信用转化为温室气体排放权，帮助发达国家完成温室气体的减限排义务。在《京都议定书》的国际公约框架下，全球范围内成本较低、效益良好的二氧化碳减排效果通过森林碳汇交易市场得以实现，森林碳汇交易也为全球经济社会均衡发展注入新的活力。

在国际谈判的渐进发展过程中，部分企业已经深切地意识到森林碳汇项目所带来的巨大商机，并审慎地开始对森林碳汇项目进行摸索式投资，清洁发展机制（CDM）下的世界性森林碳汇市场因此产生。由此可知，森林碳汇市场的产生是与国际气候变化政策的发展紧密联系在一起的。事实上，正是由于国际社会对全球气候变暖问题的重视以及国际相继开展的谈判和协定促成了森林碳汇市场的产生和发展。

②国际森林碳汇市场的结构。目前，各界对森林碳汇市场的含义还没有形成明确的界定，森林碳汇市场未形成一个由供需平衡决定价格的规范的市场机制。森林碳汇市场只是一个松散的基于造林、再造林、森林管护等投资，并获取由此产生的碳信用的交易集合。当前，国际森林碳汇市场由京都碳汇市场和非京都碳汇市场构成。京都碳汇市场主要是依赖于《京都议定书》的法定强制力，以项目的形式进行减排而形成的全球温室气体交易市场，其市场需求是依赖法律强制性产生的刚性需求，参与方主要为《京都议定书》的签订国。京都碳汇市场，是在《京都议定书》框架下，允许发达国家与发展中国家合作开展清洁发展机制下的造林等碳汇项目以抵消其部分温室气体排放量，实现发达国家和发展中国家之间在林业领域内的合作与交易。通过交易机制，一方面发展中国家可以获得资金和技术，有助于实现自身的可持续发展；另一方面，发达国家也可以获得经核证的减排量，以便帮助发达国家履行其在议定书中所承担的减排义务。

非京都碳汇市场，又称非京都规则下的碳汇自愿市场。它是与京都碳汇市场相对的一种市场形势，其造林、再造林、森林保护和管理的项目不受《京都议定书》规则约束。非京都碳汇市场主要是基于京都规则的影响，由某些政府、企业或组织为达到特定的减排目标或为了树立良好的企业形象而设立并启动的市场。这些自愿碳汇交易活动不受法律强制力的约束。所谓非京都碳汇市场是相对于《京都议定书》强制规则下的碳汇交易市场而言的，是指不以实现《京都议定书》强制规定为目标而购买碳信用额度的政府、非政府组织（NGO）、公司、个人等不同市场主体之间进行的碳交易。非京都碳汇市场也需要一定的调整规则和强制手段来规范相应的市场行为，但是这种规则和手段往往具有明显的道德规范性特征，而非法律强制性的方式。自愿碳汇市场在一定程度上用于企业的市场营销、企业社会责任、公共关系以及个人碳足迹，所以价格比较低，但是潜力很大，颇受青睐。

③国际森林碳汇交易发展状况。由于受到林业碳汇项目规则的复杂性、不确定性等种

种因素的影响，能够实现碳汇交易的很少。《京都议定书》规定：造林、再造林活动必须是在 50 年以上的无林地，或者曾经为有林地而后退化为无林地的土地上进行。迄今为止，森林碳汇市场依然是一个松散的、不完善的市场，但是它具有巨大的市场潜力。

美国芝加哥气候交易所成立于 2003 年，它是以温室气体减排为目标的市场平台。具体来说，它是为那些已经超额完成减排任务的国家提供一个交易平台，在这个平台上达到减排目标的国家可以将多余的减排份额有偿转让给那些未达减排目标的国家。该交易所现有会员 200 多个，分别来自交通、电力、航空等数十个行业。开展的减排交易涉及二氧化碳、甲烷等 6 种温室气体。2004 年，芝加哥气候交易所在欧洲建立了一个分支机构——欧洲气候交易所，随后又在加拿大建立了蒙特利尔气候交易所。截至 2006 年 6 月，该交易所的交易量已经达到了 2.83 亿 t，交易金额高达 28 亿美元。参与碳汇交易的市场主体动机各异，有些是为了履行《京都议定书》规定的减排义务；有些是未雨绸缪，先期储存碳信用以备后用；有些是出于社会责任，主要为了保护森林资源，减缓气候变暖进程。无论市场主体参与碳汇活动的动机是什么，其借助碳汇交易市场这个新平台和新机制，一方面减缓了二氧化碳的排放；另一方面还可以为自身带来诸多的社会效应。

(2)国内森林碳汇市场

我国森林碳汇活动开展的时间相对较晚，但是发展势头强劲。我国政府早在 2001 年即启动了森林碳汇项目，在开展造林和再造林碳汇项目方面给予了充分重视和大力支持。针对当时气候谈判出现的新情况以及国际面临的新形势，国家林业局于 2003 年成立了碳汇管理办公室。随后国内推行的碳汇项目试点活动和研究工作与日俱增，促进了我国森林生态效益价值化、有形化，有利于我国林业碳汇市场的培育。

①国内开展森林碳汇的必要性。当前，以全球变暖和大气二氧化碳浓度增加为主要特征的全球气候变化正在改变着陆地生态系统的结构和功能，威胁着人类的生存与健康，已受到世界各国政府的高度关注，成为国际政治、经济、环境和外交领域的热点问题。应对气候变化的手段，一是减缓，二是适应。减缓是指通过减少排放和增加碳汇，以降低大气中温室气体浓度，从而降低气候变化速度和频率；适应就是采取一系列措施，趋利避害，减少气候变化的不利影响。除了改善环境和应对气候变化急需开展森林碳汇活动外，以下几方面也迫切要求开展森林碳汇活动。

一是引进林业建设资金之需。目前，政府财政拨付是我国林业建设资金的主要来源，形式较为单一。虽然近几年，国家不断加大对林业建设的资金投入，但是面对新时期的现代林业发展要求即坚持林业在可持续发展中的重要地位、在西部大开发中的基础地位、在生态建设中的首要地位，林业建设任重而道远。总体上来说，林业的发展需要资金供给的有力支撑，但我国现有的资金供给数量明显不足，供给渠道过于单一。在此种情况下，我国林业建设发展需要不断加大吸引国际资金的力度，让更多的发达国家参与到我国林业建设中来，这对我国的林业发展是一个有益的补充。而清洁发展机制下林业碳汇活动的开展有利于吸引国际投资，促进我国林业的可持续发展。

二是引进先进造林技术之需。实施清洁发展机制下的林业碳汇项目，对于发展中国家来说，可以引进碳汇项目获得林业技术支持，提高本国的技术能力。我国目前可供造林的土地多为干旱半干旱以及石质山地带，造林难度大，要求的造林技术水平高。我国目前的相关技术还不够发达，需要引进发达国家先进的营造林和管理技术，以便提高我国人工林的生产力和固碳能力。

三是应对气候变化及加强气候合作与外交谈判之需。作为发展中国家，我国暂不承担《京都议定书》规定的温室气体限排义务。但是，我国作为一个人口众多、经济发展水平低、经济增长速度快的发展中国家，在温室气体排放量上已超过美国，成为世界第一大排放国。因此，我国面临承担减排义务的压力越来越大，这种压力表现为近期经济发展的代价，也表现为对长远经济发展规模和水平的制约。面对压力，我国政府坚持把节约能源、提高能效、调整和优化能源结构、降低单位能耗放在首位，同时通过造林绿化活动吸收二氧化碳，以减少大气中温室气体含量。这种压力在一定程度上也成为我国林业发展的动力，我国大规模开展的林业碳汇活动有助于将我国正在开展的林业建设纳入缓解全球气候变暖的国际行动中。中国作为负责任的大国，为了应对大量的温室气体排放，在生态建设方面做出不懈努力，这些努力对缓解全球气候变暖趋势、改善人类的居住环境做出突出的贡献，也进一步树立了负责任的大国形象。这些都为我国在应对气候变化的相关国际谈判和外交上争取了一定的主动权。

四是推进林业投融资机制改革和创新之需。目前，森林碳汇已经成为国际林业发展的新焦点。对森林碳汇问题开展深入研究，在根本上将有助于森林生态效益市场化模式的最终确立，这是林业发展的模式创新。如果说通过碳汇活动引进国外资金和先进的造林技术是我国林业发展的近期目标之一，具有现实性和紧迫性，那么通过碳汇活动的改革来创新林业投融资机制，则是研究碳汇问题的关键所在，具有长远性和战略性。森林碳汇活动是传统林业向现代林业转变的一个切入点，同时森林碳汇也是构建生态服务市场的一个重要内容。其内在要求就是借助市场这个平台，实现森林系统生态效益外部性的内部化，即生态价值的合理补偿。

②国内开展森林碳汇的可行性。考察森林碳汇活动在中国实践的可行性，需要从国家政治制度、资源基础、碳汇市场空间、林业建设资金、现有的造林技术等方面寻找优势因素。同时，还要分析在碳汇活动实施的过程中可以利用的机会和所要面临的威胁。通过对碳汇活动的优势、劣势、机会、威胁的分析，可得出在我国开展碳汇活动的可行性结论。

第一，我国具有良好的政治经济环境，为森林碳汇活动提供可靠、稳定的制度性保障。具有中国特色的森林资源的经营模式及所有制形式，使得我国开展森林碳汇活动具有一定的竞争力。根据现有法律法规的规定，获得合作双方国家政府部门认可和保证的森林碳汇项目才可能顺利实施，包括确定国家森林碳汇活动程序和运行规则、审批项目，以及邀请经缔约方大会指定的具有独立地位的经营实体对森林碳汇项目进行合格性认证。因此，只有一个国家政治经济环境稳定，才能保证森林碳汇项目相关政策、法律、法规的确定性和连续性，从而保障森林碳汇项目的顺利实施。依照我国当前的国情及林情，我国林地和森林资源所有制形式相对单一，主要为国有和集体所有两种形式，由强有力和稳定的行政管理机构进行宏观调控和具体操作，有利于造林和可持续经营的规范化施行。针对某些发展中国家进行的森林碳汇试点项目的研究表明，将数量可观的小面积私有土地集中起来，联合发展社区森林碳汇项目，虽然在一定程度上能够调动参与者或经营者的积极性，但是在项目设计以及后续的实际操作过程中则会出现交易成本过高的问题。相比较而言，我国的林地所有制形式及森林经营管理模式更有助于森林碳汇项目的实施，因此也更具国际竞争力。

第二，我国森林资源丰富，宜林荒山荒地面积广阔，具有实施森林碳汇活动的资源优势。根据我国林业发展战略目标，到 2050 年，新增森林面积 4696 万 hm^2，森林覆盖率将提升到 26% 以上。这一战略目标的实现将主要依靠长江中上游防护林、沿海防护林、"三北"防护林等六大重点林业生态工程的有效实施。此外，我国森林单位蓄积量也远未达到应有的水平，现有的森林蓄积量存在巨大的发展空间，其固碳能力也将随着单位蓄积量的增长而不断增加。此外，还有 2 亿亩左右的边际土地可以种植恢复植被，有效增加碳汇。由上述数据可以看出，我国具有实施森林碳汇项目的资源优势。

第三，我国森林拥有巨大的碳汇潜力，开展森林碳汇项目将有助于增加我国未来可用的碳汇量。近年来，伴随着社会经济的飞速发展，我国已成为世界第一大温室气体排放国。我国目前尚未承担强制减排义务，但发达国家强烈要求我国自愿承担减排义务的压力越来越大。我国自愿承诺在未来减排 40%~45%，这就需要大力发展森林碳汇项目，以此来降低减排义务对我国经济社会发展产生的不利影响。我国现有的森林碳汇蓄积量巨大，在今后一段时间内造林力度还将持续加大，森林固碳潜力也将随之进一步提高。

第四，森林碳汇项目作为一条低成本替代减排的新途径，同时可以为我国未来林业发展提供融资新渠道。当前，政府财政拨付是我国林业建设资金最主要的来源，政府对林业建设的投资额增加、投资范围扩大，但从总体看来，依然存在现有资金供给不足、供给渠道狭窄等问题。森林碳汇的发展有助于为我国林业建设吸引国际投资；拓宽我国现有的林业建设资金供给渠道；促进我国林业建设的可持续发展；完善我国生态林业建设的长效融资机制。

案例：各级政府"十四五"期间碳中和行动计划。

《中华人民共和国国民经济和社会发展第十四个五年规划和 2035 年远景目标纲要》提出，"十四五"时期森林覆盖率要提高到 24.1%。2020 年，中央经济工作会议将开展大规模国土绿化行动、提升生态系统碳汇能力作为碳达峰、碳中和的内容纳入了"十四五"开局之年我国经济工作重点任务。国家市场监督管理总局、国家标准化管理委员会发布了我国第一个林业碳汇国家标准《林业碳汇项目审定和核证指南》，这是我国明确提出"2030 年碳达峰"与"2060 年碳中和"目标后发布的首个涉及林业碳汇的国家标准。林业碳汇项目开发作为增加生态系统碳汇和实现森林生态系统碳汇功能经济价值的主要路径，已成为各级政府"十四五"期间碳中和行动计划的主要内容。

2021 年 10 月，北京市人民政府发布《北京市"十四五"时期生态环境保护规划》，要求优化造林绿化苗木结构，进一步增加森林碳汇，到 2025 年，森林蓄积量增加到 3000 万 m^3。积极开发区域林业碳汇项目。

2022 年 3 月 31 日，福建省林业局发布《关于加快推进竹产业高质量发展的通知》，要求探索推进竹林碳汇开发管理机制创新、技术研发和市场建设。2021 年 12 月 7 日，福建省龙岩市林业局发布《龙岩市全国林业改革发展综合试点实施方案》，提出开展林业碳汇试点，鼓励国有林场、林业企业等积极参与林业碳汇项目方法学研究、林业碳汇项目开发与交易；开展碳汇造林试点，强化森林经营和灾害防治等固碳减排措施，提升森林生态系统固碳能力；鼓励机关、企事业单位、社会团体积极营造碳中和林，推动碳中和行动。

5.3.5.2　森林碳汇分类与交易机制

借用世界银行在《碳定价机制发展现状与未来趋势2021》中对碳信用机制的分类方式，我国林业碳汇的开发、交易分为3类：国际机制下的林业碳汇、独立机制下的林业碳汇、国内机制下的林业碳汇。

(1)国际机制下的林业碳汇——清洁发展机制

清洁发展机制(Clean Development Mechanism，CDM)开启了我国碳交易的序幕。林业碳汇(植树造林和再造林)正是CDM机制下的一类项目。通过联合国清洁发展机制官方网站查询的结果显示，联合国清洁发展机制执行理事会(Execuive Board，EB)注册的中国CDM碳汇项目有：促进珠江流域广西流域管理植树造林、中国四川西北部退化土地上的造林和再造林、广西北部退化土地植树造林、内蒙古海灵阁尔退化盛乐生态区造林、中国四川西南部退化土地上的造林/再造林。

(2)独立机制下的林业碳汇

①国际核证碳减排标准(Verified Carbon Standard，VCS)。VCS由非营利组织Verra建立。VCS项目涵盖多个领域，林业碳汇项目被纳入农业、林业和其他土地利用领域中。从Verra的注册网页查询显示，我国已注册的林业碳汇项目有江西省安乐县林场碳汇项目、青海省植树造林项目、四川省荥经县植树造林项目、贵州省西关造林项目、湖南省北区和西北区造林项目等几十个项目，未来VCS项目是我国参与国际碳汇交易的重要途径。

②黄金标准(Gold Standard，GS)。国际自愿碳市场常用的标准之一，由世界自然基金会和其他国际非政府组织于2003年发起实施，旨在确保减少碳排放的项目具有最高水平的环境完整性，并为可持续发展做出贡献。GS项目涵盖多个领域，林业碳汇项目属于土地利用活动和基于自然的解决方案。GS官网显示，我国已通过认证的碳汇项目有内蒙古通辽造林工程，已通过设计审查的项目有云南山区造林项目、中国广东北部山区退化土地植树造林项目。可见，碳汇项目在我国参与的GS项目中占比非常小，这可能也和它的认证成本有关。GS项目是我国参与国际碳汇交易的重要途径，具有发展前景。

(3)国内机制下的林业碳汇

①国家核证自愿减排量(CCER)。CCER是指对我国境内特定项目的温室气体减排效果进行量化核证，并在国家温室气体自愿减排交易注册登记系统中登记的温室气体减排量，可用于控排企业抵消自身的碳排放。2012年国家发展和改革委员会出台了《温室气体自愿减排交易管理暂行办法》，明确备案核证后的CCER项目可参与交易。CCER市场的未来发展前景值得期待，CCER林业碳汇项目也将是我国未来发展的重点和焦点。

②地方核证自愿减排量。除了国家层面的CCER，碳排放权交易试点地区也依托本地

碳排放权交易市场，积极探索林业碳汇权交易。如林业碳减排量（BFCER）、碳普惠核证自愿减排量（PHCER）都仅限于在各自的碳市场进行交易，有不同的核证和交易规则，本地化明显。

案例 1：林业碳减排量。

北京市发展和改革委员会、园林绿化局于 2014 年 9 月 1 日颁布了《北京市碳排放权抵消管理办法（试行）》，用于规范北京市重点排放单位使用经审定的碳减排量抵消其部分碳排放量的活动。其中规定，重点排放单位可用于抵消的 BFCER 项目为北京市辖区内的碳汇造林项目（2005 年 2 月 16 日以来的无林地）和森林经营碳汇项目（2005 年 2 月 16 日之后开始实施）。从绿色环境交易所公布的碳市场交易报告来看，BFCER 的交易并不乐观，2021 年仅成交 0.2 万 t，成交额 11.44 万元。

案例 2：碳普惠核证自愿减排量。

广东省发展和改革委员会于 2015 年 7 月 17 日颁布了《广东省碳普惠制试点工作实施方案》，明确将在广东省内开展碳普惠制试点和减碳行为的量化核证工作。2017 年 4 月 14 日，发展和改革委员会颁布了《关于碳普惠制核证减排量管理的暂行办法》，用于规范纳入广东省碳普惠制试点地区的相关企业或个人自愿参与实施的减少温室气体排放和增加绿色碳汇等低碳行为所产生的 PHCER 的管理和使用活动。暂行办法特别规定，相关企业或个人申请参与碳普惠试点活动后，应承诺不再重复申报 CCER。广州碳排放交易所官网显示，截至 2021 年年末 PHCER 已成交 534.26 万 t。

（4）其他

除了核证减排量项目，各地管理部门为充分发挥林业在推动实现碳中和愿景中的重要作用，根据当地实际探索了多种不同类型的碳汇开发项目。

如 2018 年贵州利用地区丰富的林业碳汇资源，开展单株碳汇精准扶贫试点工作，探索"互联网+生态建设+精准扶贫"的扶贫新模式，助力贵州扶贫工作和生态建设。贫困户林地中的每一棵树吸收的二氧化碳被作为产品，通过单株碳汇精准扶贫平台，面向全社会进行销售。

又如，福建省三明市、贵州省毕节市等地探索开发了林业碳票，并制定了林业碳票的管理办法。管理办法明确，林业碳票是指行政区域内权属清晰的林地、林木，经第三方机构监测核算、专家审查、林业主管部门审定、生态环境主管部门备案签发的碳减排量而制发的具有收益权的凭证，赋予交易、质押、抵消等权能。同时，管理办法中特别说明，已备案签发或拟策划申报 CCER、地方核证自愿减排量、VCS 的林地、林木，不得重复申请制发林业碳票。林业碳票主要用于自愿参与减排活动的机关、企事业单位、个人等进行碳排放抵消，无法用于控排企业的排放抵消。

综上所述，不同的碳汇机制有不同的核证流程、交易规则。因为同一个碳汇项目不能重复开发，项目业主在进行碳汇机制选择时应当格外慎重，要结合项目开发成本、开发条件的符合程度、交易需求、机制的发展前景等进行综合考虑，从而使得林业碳汇项目的开发、交易的边际成本尽可能低、边际收益尽可能大，以保证项目持续健康运营。

森林碳汇的发展对实现碳中和目标具有重要意义。2021 年 9 月中共中央办公厅、国务院办公厅印发的《关于深化生态保护补偿制度改革的意见》明确提出了鼓励各类社会资本参与林草碳汇减排行动，助力重点区域、大型活动组织者、自愿减排企业、社会公众等利用林草碳汇实现碳中和，逐步完善林草碳汇多元化、市场化价值实现机制。

5.3.5.3 林业碳汇 CCER 项目

林业碳汇 CCER 项目具有较高社会效应，是生态文明建设的重要手段，同时有一定的经济效益，已成为众多自愿减排项目中最受关注的项目之一。

（1）项目开发情况

根据中国自愿减排交易信息平台的数据，截至 2021 年 2 月，林业碳汇 CCER 项目累计公示 96 个，12 个项目完成项目备案，1 个项目完成减排量备案，备案减排二氧化碳量 5258t。96 个公示林业碳汇 CCER 项目分布在黑龙江、吉林、内蒙古、浙江、湖北、云南、广东等 23 个省份。获备案的 12 个项目分布在 8 个省份，其中内蒙古的备案项目数量最多，为 3 个。仅有的 1 个减排量备案的项目（广东长隆碳汇造林项目）分布在广东。

（2）项目方法学

截至 2021 年 2 月，备案的林业类自愿减排项目方法学有 4 个，即 AR-CM-001 碳汇造林项目方法学、AR-CM-002 竹子造林碳汇项目方法学、AR-CM-003 森林经营项目方法学和 AR-CM-005 竹林经营项目方法学。

由林业碳汇 CCER 项目类型的分析可知，碳汇造林项目方法学和森林经营项目方法学的使用率较高，计入期的选择可根据所选树种的生长特征、土地使用情况、项目实施的时间长短等共同决定。其中计入期是指项目活动相对于基线情景所产生的额外的温室气体减排量的时间区间。一般来说，监测期内项目所在地如果没有发生火灾、虫害等灾害，通常是每隔 4~5 年进行一次碳汇量的监测和核证。计入期内允许森林管理形式的主伐或间伐，主伐后须根据设计文件进行更新，间伐或主伐时间不能与监测和核查时间相近。

（3）其他合格性要求

林业 CCER 项目占主流的是碳汇造林和森林经营。下面以碳汇造林为例，说明开发林业碳汇 CCER 项目需要满足的合格性条件。

一是土地合格性。碳汇造林项目要求选择 2005 年 2 月 16 日以来的少量的次生林或无林地，土壤不是湿地、有机土；或 2005 年 2 月 16 日之后实施森林经营的人工中幼龄林，必须是矿质土壤。两种类型均要求项目活动对土壤扰动面积不超过地表面积的 10% 且 20 年内不重复扰动；不涉及全面清林和炼山等有控制火烧，不涉及农业活动转移。还需具备土地合格性证明文件：省级林业主管部门核发的土地合格性证明文件；土地权属证明：县级以上人民政府核发的土地权属证书或其他证明文件。

二是植被要求。碳汇造林项目要求植被类型必须为林木。需注意的是碳汇造林项目仅指以增加碳汇为主要目的的造林活动，以获取经济收益为主要目的的经济林（果树、桉树、橡胶树等）和苗圃林很难被认定为碳汇造林。不管是碳汇造林，还是森林经营，均指人工林，因此天然林不符合开发条件。

三是文件资料齐全。如造林作业设计文件及其批复、开工证明、验收报告等。

（4）减排量交易

①林业碳汇试点交易。全国碳交易试点中均认可林业碳汇项目减排量，各试点对其使用限制不同，主要体现在项目时间、使用量和来源地。其中，广东、重庆、北京和福建4个试点鼓励林业碳汇项目。重庆、北京和福建对林业碳汇项目的来源地都限定在本省或本市；而广东允许30%来自省外，湖北碳市也设置了类似的地域限制；上海、天津和深圳碳市可接受来自全国的CCER，但是上海允许使用CCER用于抵消的比例仅为1%。

②林业碳汇全国碳市场交易。2021年2月1日施行的《碳排放权交易管理办法（试行）》规定，重点排放单位每年可以使用CCER抵消碳排放配额的清缴，抵消比例不得超过应清缴碳排放配额的5%。相关规定由生态环境部另行制定。

（5）林业碳汇CCER项目交易的优势和前景

林业碳汇是国际公认的具有减缓和适应气候变化双重功能，能经济、有效地应对气候变化的措施，具有真实地减缓气候变暖的效果，有利于促进林业发展。林业碳汇交易将推动"绿水青山"向"金山银山"的价值转化，是绿水青山就是金山银山理念的具体实践。通过科学、合规地开发和交易林业碳汇，将有些生态良好地区的生态资源优势转变为资产和经济优势，以市场机制给予生态产品生产者一定的经济补偿，促进农民增收减贫；同时激励森林经营者对森林进行科学经营和保护，促进其发挥更多更大的生态效益、社会效益，造福人类。因此，优先开展林业碳汇开发和交易，意义重大。

案例1：900万元森林碳汇质押贷款，以碳交易收益作为还款。

2021年6月29日，湖北鑫榄源油橄榄科技有限公司获得中国农业银行十堰分行发放的"碳林贷"900万元，这也是湖北省首笔森林碳汇收益权质押贷款。

"没想到育苗、种树就可以获得优惠贷款，这笔资金帮我们公司解决了油橄榄基地的资金投入问题。"鑫榄源公司董事长朱瑾艳说。该公司位于十堰市郧阳区，是一家集油橄榄种植、加工、销售、旅游于一体的省级林业产业化龙头企业，目前已建成油橄榄育苗及种植基地6000余亩。当日，在中国农业银行"碳林贷"暨乡村振兴重点金融产品推介会上，中国农业银行（以下简称农行）授予该公司综合授信额度3000万元，并发放全国农行系统首笔"碳林贷"900万元。

据介绍，"碳林贷"是为从事林木培育、种植或者管理的企业专门设计的创新信贷产品，以植树造林产生的碳汇收入作为还款来源，以预计可实现的森林碳汇收益权作为质押。"碳林贷"作为乡村振兴重点金融产品，助力实现碳达峰碳中和目标。农行湖北省分行有关负责人介绍，"碳林贷"的资金主要用于苗木购买、林地维护、灌溉设施建设等，将充分发挥森林的碳汇功能，助力乡村振兴和美丽湖北建设。

案例2：岳阳林纸林业碳汇CCER预估净利润超1.5亿元。

2022年7月27日，岳阳林纸股份有限公司（以下简称岳阳林纸）发布签订碳汇合作协议消息，这已经是岳阳林纸本月内第3次碳汇签约。根据其公告信息，三大项目分别位于湖北通山、西藏日喀则、甘肃会宁，森林面积约3050万亩，预计产生总利润达1.5亿元。

6月30日，岳阳林纸全资子公司湖南森海碳汇开发有限责任公司（以下简称湖南森海碳汇）与甘肃会宁通宁建设发展有限公司签订《温室气体自愿减排项目林业碳汇资源开发合作合同》，湖南森海碳汇负责在通宁建设发展公司持有的100万亩森林/林地开发林业碳汇项目，合作期限为项目情景相对于基线情景产生额外的温室气体减排量的时间区间，即30年。岳阳林纸有权获得约定比例的林业碳汇资产或碳汇收益权，并负责按合同约定比例分配林业碳汇资产。按2022年国内碳交易价格测算，岳阳林纸预计合同实施年度将至少产生净利润2000万元。

7月14日，湖南森海碳汇又与西藏自治区日喀则市人民政府、西藏国有资产管理有限公司签署了《温室气体自愿减排项目林业碳汇开发合作合同》，拟在位于西藏自治区日喀则市的约2750万亩森林/林地开发林业碳汇项目，合作期限由申报期加两个减排量监测期构成：申报期为2年，申报期届满后每10年为一个监测期，两个监测期计20年，即合作期限共计为22年。岳阳林纸按2022年国内碳交易价格测算，此次合作预计合同期限内将至少产生净利润1亿元。

7月25日，湖南森海碳汇再同通山县石航珍稀植物培育中心签署了《温室气体自愿减排项目林业碳汇开发合作合同》，项目位于湖北省咸宁市通山县的森林/林地约200万亩，合作期限由申报期加4个减排量监测期构成：申报期为1.5年，每5年为一个监测期，4个监测期计20年，即合作期限共计为21.5年。岳阳林纸预计合作期限内将至少产生净利润3000万元。

思考与练习

一、名词解释

碳达峰，碳中和，碳循环，森林碳储量，森林碳循环，森林碳汇，林业碳汇，森林碳汇计量，国家核证自愿减排量。

二、填空题

1. 关于碳达峰和碳中和，我国承诺_____年前，二氧化碳的排放不再增长，达到峰值之后逐步降低；我国承诺努力争取_____年前实现碳中和。

2. 生物圈中的碳循环主要表现在_____从大气中吸收二氧化碳，在水的参与下经_____转化为葡萄糖并释放出氧气，有机体再利用_____合成其他有机化合物。

3. 在大气中，_____是含碳元素的主要气体，也是碳元素参与物质循环的主要形式。

4. 陆地生态系统的主体是_____。

5. 森林碳储量碳库由_____、_____、_____、_____以及_____5个碳库组成。

6. 森林生态系统是陆地中重要的碳汇和_____，在这个系统中，森林的生物量、植物碎屑和森林土壤固定了碳素而成为_____。

7. 森林生态系统在碳循环中的作用主要取决于_____、_____、_____以及_____4个要素。

8. 森林碳汇的实物计量方法包括_____和_____2种。

9. 地方核证减排量有_____、_____和_____3种。

三、简答题

1. 简述碳达峰和碳中和的关系。

2. 简述林业在碳达峰和碳中和中的作用。

3. 简述森林碳储量的特点。

4. 简述森林碳汇与林业碳汇的联系和区别。

5. 简述森林碳汇的特点。

6. 简述森林碳汇的作用。

7. 简述森林碳汇计量的方法。

8. 简述国内开展森林碳汇的必要性和可行性。

四、论述题

1. 论述碳达峰和碳中和的意义。

2. 论述林业碳汇 CCER 项目交易的优势和前景。

单元 6

智慧林业

📖 知识目标

1. 理解智慧林业的概念和基本特征。
2. 了解中国智慧林业发展现状。
3. 熟悉主要的智慧林业技术种类。
4. 熟悉智慧林业技术的具体应用。

📖 技能目标

1. 能够发现身边的智慧林业技术，并分析智慧林业技术的主要应用场景。
2. 能分析智慧林业的发展趋势。

📘 素质目标

1. 培养学生科技强国的意识，增强学生的民族自豪感。
2. 培养学生积极进取、开拓创新的精神。

6.1 智慧林业发展

6.1.1 智慧林业的含义与基本特征

6.1.1.1 智慧林业的含义

智慧林业是指通过广泛应用物联网、云计算、大数据与移动互联网等新生代网络信息化技术，经过感知、物联、智能的层层手段的处理，形成林业立体感知、管理协同高效、生态价值凸显、服务内外一体的林业发展新模式。这种林业信息化发展模式可以促进林业自然资源物种的多样化、林业管理服务水平的精细化、生态文明建设手段更先进、生态系统整体体系更完备。智慧林业的本质是以人为本的林业发展新模式，不断提高生态林业和民生林业发展水平，实现林业的智能、安全、生态、和谐。智慧林业主要是通过立体感知体系、管理协同体系、生态价值体系、服务便捷体系等来体现智慧林业的智慧。

6.1.1.2 智慧林业的基本特征

智慧林业包括基础性、应用性、本质性的特征体系，其中基础性特征包括数字化、感知化、互联化、智能化，应用性特征包括一体化、协同化，本质性特征包括生态化、最优化，即智慧林业是基于数字化、感知化、互联化、智能化的基础之上，实现一体化、协同化、生态化、最优化。

①林业信息资源数字化。实现林业信息实时采集、快速传输、海量存储、智能分析、共建共享。

②林业资源相互感知化。利用传感设备和智能终端，使林业系统中的森林、湿地、沙地、野生动植物等林业资源可以相互感知，能随时获取需要的数据和信息，改变以往"人为主体、林业资源为客体"的局面，实现林业客体主体化。

③林业信息传输互联化。互联互通是智慧林业的基本要求，要建立横向贯通、纵向顺畅、遍布各个末梢的网络系统，保障信息传输快捷、交互共享便捷安全，为发挥智慧林业的功能提供高效网络通道。

④林业系统管控智能化。智能化是信息社会的基本特征，也是智慧林业运营的基本要求，利用物联网、云计算、大数据等方面的技术，实现快捷、精准的信息采集、计算、处理等；应用系统管控方面，利用各种传感设备、智能终端、自动化装备等实现管理服务的智能化。

⑤林业体系运转一体化。一体化是智慧林业建设发展中最重要的体现，要实现信息系统的整合，将林业信息化与生态化、产业化、城镇化融为一体，使智慧林业成为一个更多的功能性生态圈。

⑥林业管理服务协同化。信息共享、业务协同是林业智慧化发展的重要特征，就是要使林业规划、管理、服务等各功能单位之间，在林权管理、林业灾害监管、林业产业振兴、移动办公和林业工程监督等林业政务工作的各环节实现业务协同，以及政府、企业、居民等各主体之间更加协同，在协同中实现现代林业的和谐发展。

⑦林业创新发展生态化。生态化是智慧林业的本质性特征，就是利用先进的理念和技术，进一步丰富林业自然资源、开发完善林业生态系统、科学构建林业生态文明，并融入整个社会发展的生态文明体系之中，保持林业生态系统持续发展强大。

⑧林业综合效益最优化。通过智慧林业建设，形成生态优先、产业绿色、文明显著的智慧林业体系，进一步做到投入更低、效益更好，展示综合效益最优化的特征。

6.1.2　智慧林业的产生与发展

数据从一开始就是信息时代的象征，大数据实现了继云计算、物联网之后的又一次信息革命，并使智慧化成为时代主题。智慧林业是智慧地球的重要组成部分，是未来林业创新发展的必由之路，是统领未来林业工作、拓展林业技术应用、提升林业管理水平、提高林业发展质量、促进林业可持续发展的重要支撑和保障。智慧林业是在数字林业的基础上，充分利用云计算、物联网、大数据等新一代信息技术，形成的林业立体感知、管理协同高效、生态价值凸显、服务内外一体的新型林业发展模式，实现了林业的智慧感知、管理和服务。

人类文明曾先后经历了以机械化、电气化、信息化为主要特征的重大科技变革，目前正在进入以智能化为核心的第4次科技革命新阶段。林业是一项具有产业属性的社会公益事业，根据自身特点和行业建设的需要，林业经历了以现代育种、集约经营、数字化森林资源监测及生态系统管理等为主导的技术革命。林业信息化是林业行业的新型生产力，是林业行业高质量发展的着力点和突破口，也是提升我国林业现代化水平和实现全面可持续发展的关键要素。进入21世纪以来，随着第6次信息革命的到来，新一代信息技术不断融入林业核心业务；林业信息化迎来了智能化的技术革命，步入智慧林业新发展阶段。

智慧林业的基础是数字林业（Digital Forestry），即在20世纪末提出的数字地球框架下，运用计算机、互联网、虚拟现实和"3S"技术等对森林多尺度空间和属性信息进行采集、处理、存储、管理、分析、应用和共享的全过程；主要特征为数字化、网络化和可视化。2008年，随着智慧地球概念的提出，智慧林业作为其重要组成部分也应运而生。智慧林业将数字林业中的关键技术与人工智能、物联网、大数据、云计算和移动互联网等新一代信息技术及林业智能装备跨学科深度融合，形成面向林业生产和管理（智慧育种、培育、监测、经营管理、保护等）及林业资源开发利用全过程的立体感知、精准培育、实时监测、智慧管理和智能决策等林业信息化发展新模式。

6.2　智慧林业技术

6.2.1　林业云

大数据时代下，林业发展面临着针对林业大数据进行存储、挖掘、归纳、分析等多重挑战。云计算、云存储及分布式架构云端服务处理模式的出现，为解决林业大数据管理的相关问题带来了新的契机。云计算平台核心技术主要包括海量数据挖掘与建模分析、海量数据自动存储管理、多维资源调度机制、大规模消息通信、云计算体系结构等。

国内专家对云计算做了长短两种定义。长定义是："云计算是一种商业计算模型。它将计算机任务分布在大量计算机构成的资源池上，使各种应用系统能够根据需要获取计算能力、存储空间和信息服务。"短定义是："云计算是通过网络按需提供可动态伸缩的廉价计算服务。"这种资源池称为"云"。

《国务院关于促进云计算创新发展培育信息产业新业态的意见》明确提出，云计算是推动信息技术能力实现按需供给、促进信息技术和数据资源充分利用的全新业态，是信息化发展的重大变革和必然趋势。《"互联网+"林业行动计划——全国林业信息化发展"十三五"规划》对中国林业云发展提出了具体要求。发展中国林业云，有利于降低建设运维成本，提高资源使用效率，提升林业信息安全保障水平，加强数据共享利用，提升林业信息化服务能力。

6.2.2　林业物联网

林业智能感知技术最早可追溯到 1999 年物联网概念的提出，其定义为"把所有物品通过射频识别等信息传感设备与互联网连接起来，实现智能化识别和管理"。在智慧林业系统中，将森林生态及其环境与互联网连接，可以实现信息交换和通信，并进行智能化识别、定位、监测和管理等。林业智能感知系统通常由编码系统、智能传感器和信息网络系统所构成，其关键是智能传感器和信息网络系统。智能传感器主要用于采集林木及其环境信息数据，而这些信息的采集主要依靠射频识别(RFID)技术、各类传感器和红外感应装置等，将前端设备根据实际需求安设在林区特定范围内，即可将数据以可视化的形式展现出来。目前林业智能感知传感器较多地应用在林区防火(如风向、风力、蒸发量、干燥度和温湿度传感器等)、病虫害防治(如影像光谱成像仪、定位仪、热红外感应器等)、动植物保护(如射频红外感应器、夜光成像仪、定位器、电子标签感应器等)、造林工程监管(如 RFID、温湿度感应器、降水量传感器等)及生态因子监测(如空气温湿度、降水量、风速、土壤温湿度、二氧化碳含量传感器)等。

物联网对提升社会管理和公共服务水平，带动相关学科发展和增强技术创新能力，推动产业结构调整和发展方式转变具有重要意义。林业物联网是切实促进工业化、信息化、城镇化和林业现代化同步发展，充分利用现代信息技术改造传统林业，不断提高林业资源利用率、劳动生产率，推动林业向集约型、规模化转变，提升生态文明建设水平的有力推手。

6.2.3　林业移动互联网

移动互联网是一种通过智能移动终端，采用移动无线通信方式获取业务和服务的新兴业态，包含终端、软件和应用 3 个层面。移动互联网是移动通信技术和互联网技术融合形成的，具有终端移动性、业务及时性、服务便利性等特点，消除了时间和地域的限制，人们可以借助移动网络随时随地进行信息传输。移动互联网是"互联网+"的核心，已经渗透到各个行业，形成移动互联生态系统，并逐步走向全球化、智能化。林业移动互联网的主要任务有以下几点。

（1）加快发展林业移动政务

利用移动互联网及相关技术，为公共服务人员提供随时随地的信息支持，减少不必要的物流和人流，提升服务质量和效率，如林业移动办公、会议、党务等工作。

（2）扎实推动林业移动业务

林业移动业务包括移动资源监管、移动营造林管理、移动灾害监控与应急管理、移动林权综合监管、移动林农信息服务等，通过移动互联网技术与林业业务的深度融合，实现林业业务的高效智慧管理。

（3）积极推进林业移动服务

建立林业移动应用服务平台，嵌入各种移动终端和信息渠道，向使用者推送林业产品、旅游资源、文化活动等最新动态，随时随地为用户提供林业信息，满足不同用户的个性化需求，如移动林产品服务、移动森林旅游服务、移动社区服务、移动文化服务等。

6.2.4　林业大数据

大数据一词是由维克托·迈尔-舍恩伯格及肯尼斯·库克耶于2008年8月中旬共同提出。大数据是指无法在一定时间范围内用常规软件工具进行捕捉、管理和处理的数据集合，是需要新处理模式才能具有更强的决策力、洞察发现力和流程优化能力的海量、高增长率和多样化的信息资产。大数据的通俗解释是海量的数据，其中大就是多、广的意思，而数据就是信息、技术以及数据资料，合起来就是多而广的信息、技术以及数据资料。近年来，随着林业现代化的快速发展，林业数据获取、处理、分析、存储、显示技术全面提升，形成了多年份、多平台、多类别的森林生长与资源环境信息等一体化的林业大数据。

大数据可分成大数据技术、大数据工程、大数据科学和大数据应用等领域。目前讨论最多的是大数据技术和大数据应用，即从各种各样类型的数据中，快速获得有价值信息。林业大数据技术的价值主要体现在可供学习挖掘的大量林业知识数据集，而针对这些具有不同时间和空间属性的林业知识数据集进行的归纳与抽象分析，挖掘不同地区的适生树种原理、各类树木生长的基本规律等，对于规划决策、精准培育与经营、后期采伐利用等智慧林业有关决策的制定具有重要意义。

6.2.5　林业信息技术

林业信息技术是遥感技术（Remote Sensing，RS）、地理信息系统（Geography Information Systems，GIS）和全球卫星导航系统（Global Navigation Satellite System，GNSS）的统称，是空间技术、传感器技术、卫星定位与导航技术和计算机技术、通信技术相结合，多学科高度集成的对空间信息进行采集、处理、管理、分析、表达、传播和应用的现代信息技术。

6.2.5.1　遥感技术

遥感即"遥远的感知"之意，泛指非接触、远距离的探测技术。遥感这一概念，最早由美国学者艾弗林·普鲁伊特（Evelyn L. Pruitt）在1960年提出，她将其定义为"以摄影方式或非摄影方式获得被探测目标的图像或数据的技术"。从现实意义来看，不同物体吸收、反射或发射的电磁波特性是不同的，遥感可以根据这一原理探测地表某一物体对电磁波的反射发射特性，从而提取信息，完成对远距离物体的识别。

遥感技术是以航空摄影技术为基础，从 20 世纪 60 年代初发展起来的一门新兴技术，经过几十年的迅速发展，已成为一门实用先进的空间探测技术。

遥感技术系统是一个非常庞大而复杂的体系。对某一特定的遥感目的来说，可选定一种最佳的组合，以发挥各分系统的技术优势和总体系统的技术经济效益。现代遥感技术系统的组成部分主要有遥感平台系统、遥感仪器系统、数据传输和接收系统、用于地面波谱测试和获取定位观测数据的各种地面台站网、数据处理系统和分析应用系统等。

遥感具有效率高、成本低、分辨率较高、覆盖范围大等优点，因此在各领域得到了广泛的应用，如军事方面用于军事侦察、导弹预警、军事测绘、海洋监视、气象观测和毒剂侦检等；民用方面，用于地球资源普查、植被分类、土地利用规划、农作物病虫害和作物产量调查、环境污染监测、海洋研制、地震监测等。日常生活中的天气预报、空气质量监测都有遥感技术的参与，能够起到防灾减灾、监测气象地质灾害的作用。

6.2.5.2 地理信息系统技术

地理信息系统又称为地学信息系统，是一种特定的十分重要的空间信息系统，是在计算机硬、软件系统支持下，对整个或部分地球表层（包括大气层）空间中的有关地理分布数据进行采集、储存、管理、运算、分析、显示和描述的技术系统。

地理信息系统是一门综合性学科，结合了地理学与地图学以及遥感和计算机科学，已经广泛地应用于不同的领域，是用于输入、存储、查询、分析和显示地理数据的计算机系统，随着 GIS 的发展，也有学者称 GIS 为地理信息科学（Geographic Information Science），近年来，更有将 GIS 称为地理信息服务（Geographic Information Service）。GIS 是一种基于计算机的工具，可以对空间信息进行分析和处理，即对地球上存在的现象和发生的事件进行成图和分析。GIS 技术把地图这种独特的视觉化效果和地理分析功能与一般的数据库操作（如查询和统计分析等）集成在一起。典型的地理信息系统包括 4 个基本部分：计算机硬件系统、计算机软件系统、地理空间数据库和系统管理应用人员。目前，全世界范围已研发了多种地理信息系统软件，常用的 GIS 桌面端软件有 ArcGIS、Mapinfo、Autodesk map、QGIS、Supermap GIS、MapGIS 等。

6.2.5.3 全球定位系统技术

全球卫星导航系统是一个能在地球表面或近地空间的任何地点 24h 为适当装备的用户提供三维坐标和速度以及时间信息的空基无线电定位系统，包括一个或多个卫星星座及其支持特定工作所需的增强系统。一个独立自主的全球卫星导航系统在提供时间与空间基准、智能化手段以及所有与位置相关的实时动态信息等方面发挥了关键性作用，对于一个国家的国防、军事、经济发展以及公共安全与服务具有深远的意义，是现代化大国地位、国家综合国力及国际竞争优势的重要标志。

全球卫星导航系统国际委员会（International Committee on Global Navigation Satellite System，ICG）公布的全球四大卫星导航系统供应商，包括美国的全球定位系统（global positioning system，GPS）、俄罗斯的格洛纳斯卫星导航系统（global navigation satellite system，GLONASS）、欧盟的伽利略卫星导航系统（Galileo navigation satellite system，Galileo）和中国的北斗卫星导航系统（BeiDou navigation satellite system，BDS）。下面以北斗卫星导航系统为例介绍其工作原理及意义。

中国的北斗卫星导航系统由空间端、地面端和用户端3部分组成。空间端包括3颗静止轨道卫星和30颗非静止轨道卫星，30颗非静止轨道卫星又细分为27颗中轨道（MEO）卫星（含3颗备份卫星）和3颗倾斜地球同步轨道（IGSO）卫星组成，27颗MEO卫星平均分布在倾角55°的3个平面上，轨道高度21 500km。地面端包括主控站、注入站和监测站等若干个地面站。用户端包括北斗用户终端以及与其他卫星导航系统兼容的终端。北斗卫星导航系统的建设目标是建成独立自主、开放兼容、技术先进、稳定可靠及覆盖全球的卫星导航系统。

北斗卫星导航系统可在全球范围内全天候、全天时为各类用户提供高精度、高可靠性的定位、导航、授时服务，并兼具短报文通信能力。北斗卫星导航系统提供开放服务（open service）和授权服务（authorization service）两种服务，其中开放服务是向全球用户免费提供定位、测速和授时服务，定位精度10m，测速精度0.2m/s，授时精度50ns。授权服务是为有高精度、高可靠性卫星导航需求的用户提供定位、测速、授时和通信服务以及系统完好性信息。北斗导航用户终端与GPS、GALILEO和GLONASS相比，优势在于短信服务和导航结合，增加了通信功能；具全天候快速定位功能，通信盲区极少，精度与GPS相当，而在增强区域即亚太地区，精度甚至会超过GPS；向全世界提供的服务都是免费的，在提供无源导航定位和授时等服务时，用户数量没有限制，且与GPS兼容；具有自主系统和高强度加密设计，安全、可靠、稳定，适合于关键部门应用。当前，中国北斗卫星导航系统已经初步具备了区域导航、定位和授时能力，已成功应用于测绘、电信、水利、渔业、交通运输、森林防火、减灾救灾和公共安全等诸多领域，产生了可观的经济效益和社会效益。

6.2.6　林业人工智能技术

人工智能（artificial intelligence，AI）是由计算机科学、控制论、神经生理学等多个学科相互渗透而发展起来用于模拟、延伸和扩展人的智能的技术科学，被称为21世纪以来三大尖端技术之一。人工智能因其具有高度自动化、高精准度以及高效能、效率等优势，广泛应用于问题求解、模式识别和机器人等领域。林业人工智能技术主要包括森林树种智能识别、森林病虫害智能监测和森林智能管理决策系统等。以深度学习为代表的统计学习理论与方法是第2代人工智能的主要方向。深度学习通过模仿人脑的神经网络，自主学习、辨识数据，进而帮助计算机破解琐碎的问题，极大推动了人工智能的发展。深度学习借助未经标记的林业数据自主学习，接近人脑的学习方式可以通过训练后自主掌握概念，大幅提高计算机处理信息的效率，具备一定与人类相似的学习和思考能力。

林业深度学习模型主要包含用于林木、病虫害等智能识别与分类的卷积神经网络（CNN）、循环神经网络（RNN）和深度置信网络（DBN），以及用于森林空间建模与三维分析的 PointNet、VoxelNet、U-Net、PointCNN 等深度网络模型。林业深度学习模型为林业智能应用提供了技术基础，如布兰特（Brandt）等基于深度学习技术结合林木特征数据库，对西非地区林木进行智能识别与计数，为大范围林木数量精确统计和监测提供了重要参考；周焱等基于空洞卷积网络（ACN）和影像数据训练集，对辽宁省受红脂大小蠹侵害的油松林进行智能检测，为提升森林病虫害监测和预警能力提供了有效途径。

6.2.7 林业虚拟现实技术

虚拟现实技术（virtual reality，VR）是一种可以营造和体验现实世界的计算机系统。林业虚拟现实技术则是以虚拟现实技术为基础，建立森林虚拟对象，用以表达和分析各类森林现象，进而模拟森林培育和经营过程的新型信息技术。林业虚拟现实技术涉及数据获取技术、三维实体建模技术、环境虚拟仿真技术、接口技术、集成技术等，主要用于树木形态结构建模、林分结构模拟、虚拟森林环境、虚拟森林经营等。

树木形态结构建模可以提供各类树木三维形态的虚拟化模型，形成了基于规则的参数化建模（如 L 系统）、基于数据驱动的建模（主要基于图像和点云数据输入驱动）、基于二维草图的建模等主流方法体系。林分结构模拟中最重要的是建立林分生长动态模拟，可以按照空间尺度分为全林分模型、林分级模型和单木模型。虚拟森林环境是对森林自然环境现实情况的综合仿真与模拟。其中，树木模型和三维地形是构建虚拟森林环境的基础要素。通过将模型化的单树随机或有规律性地"种植"在三维地形上形成林分场景，进而帮助模拟预测林分生长和更新，以及林火蔓延等过程。虚拟森林经营是在无人机航拍数据和样地调查数据的基础上，研究森林场景要素（树木、建筑物、道路、河流等）特征信息提取方法，分析场景要素形态与结构特征，研究森林场景要素三维可视化模型构建方法，研发场景要素可视化模型管理、调度、渲染方法，建立多尺度森林三维虚拟仿真场景。

6.2.8 林业智能装备

林业智能装备以林业为服务对象，有机结合了林业、机械、电子信息、人工智能和计算机技术等，是可智能感知外界信息、具有自主计算及智能控制的自动化或半自动化的设备。林业智能装备可有效帮助完成林业生产经营中的各项任务，提高生产效率，提升林业生产的规模化经营水平，保障生产安全。目前，林业智能装备主要分为林业生态建设智能装备、林业产业智能装备、林业多功能集成智能装备，主要用于林木抚育、森林精准植保、森林巡检、森林消防、林木采伐等。

中国林业智能装备近年来发展迅速。蔡硕等分别使用自主研发的背包式激光雷达装备实现了胸径等森林调查指标的高精度提取。张慧颖研发的环境智能巡检机器人，可有效感知空气温湿度、二氧化碳浓度等环境数据并自主避障。姜树海等设计了一款六足森林消防机器人，可穿越山地、沟壑等森林复杂地形环境，并自主完成火灾巡检、清理灌木丛、灭火等工作。魏占国等研发的 CFJ-30 轮式林木采伐机器人，具有伐木、打枝、造材等综合功能。

6.3　智慧林业技术应用

6.3.1　林业"3S"一体化技术应用

随着林业空间信息技术的不断发展，将 RS、GIS、GPS 三大技术紧密结合的"3S"一体化技术已显示出更为广阔的应用前景。目前，"3S"一体化技术已在森林资源调查与动态管理、森林经营管理、林地管理，森林病虫害的调查、监测与预防，以及在森林防火中的管理、指挥、监测和预测预报等林业方面发挥巨大作用。

6.3.1.1　森林资源动态监测

卫星遥感技术拍摄照片具有非常好的重复性和历史可追溯性，尤其适合做某一固定区域的林业资源监测，通过可见光、多光谱和合成孔径雷达(SAR)等观测载荷获取多源遥感数据、匹配地形数据和物种特征数据，经过专业化图形处理和算法计算，可以应用于森林覆盖面积统计、树种类型及蓄积量测算、土地类型识别、森林小班提取、变化信息检测及提取等。

"3S"一体化技术可及时、准确、高效地对森林资源信息进行更新，对森林资源进行动态监测。利用"3S"一体化技术建立森林资源调查与监测体系，能及时掌握森林资源及相关因子的空间与时序变化信息，不仅可对国家及大区域的森林资源进行宏观监测，还能对局部微观区域的森林资源变化进行监测。在监测内容上，不仅能对森林资源数量进行监测，还可以对环境资源、水资源、土壤资源、野生动植物资源进行调查与监测。用合适的遥感数据源结合地面抽样技术，并利用 GPS 对样地进行空间定位，最后用 GIS 对各种调查数据进行汇总和分析，建立起完整的森林资源动态监测体系。

6.3.1.2　森林火灾的监测、预警与控制

RS 具有观测范围大、周期性好等特点。其使用的多光谱载荷，特别是红外波段成像载荷，可以有效地进行森林火灾中火点判识、火点强度估算、过火区面积估算和损失评估。此外，利用卫星遥感的充分性和历史可追溯性，还可以实现对某一固定区域的长期、多维度动态监测。

在对森林火灾的预防、预警过程中，运用 GIS 软件，可对森林植被图进行相关分类，制作出森林可燃物分类图，再利用气象因素和天气预报资料进行林火天气预报；在分析林分可燃物与气象因子间关系的基础上进行森林火险等级、林火行为模拟预报；利用气象卫星遥感图片数据对林区进行热量和温度分析，提供火险区划报告和火险区划图，从多方面对森林火灾进行预警。而现场一旦发生火灾，可以通过 GPS 迅速定位火源，再通过 GIS 空间分析，规划最优路径第一时间到达火灾现场、控制火灾蔓延，灾后还可通过 GPS 精准测量受灾面积，对灾后损失进行准确的评估。

6.3.1.3　森林案例技术鉴定

利用 RS 技术监测林地林木变化情况，重点查清各类工程建设项目占用征收林地以及非法占用林地、毁林开垦、擅自改变林地用途的性质与数量，是否乱砍滥伐林木及相关查

处情况，开展森林灾害监测，客观分析林地林木变化情况和管理现状。

鉴于森林案例的特点，在森林案例鉴定中，引入"3S"一体化技术，可帮助顺利准确地对森林案例进行取证。采用 GPS 现场定点测绘，可以全面了解被毁林地的基本情况。通过 RS，结合现场测绘林地类型情况（建立解译标志），对前后两期卫片进行比较判读，可得到林地被毁前的各林地类型及范围。在遥感影像的基础上，利用 GIS 很容易求得被毁林地的面积和对毁林定量数据的取证。查询历史 GIS 数据或类似数据，结合毁林面积，可鉴定各林地类型毁林蓄积量和株数。

6.3.1.4 病虫害监测

通过不同时相的 RS 影像对比，能够及时掌握林木病虫害的动态变化。当林区发生病虫害时，受害林区的反射和辐射光谱就会发生变化，在 RS 影像上能够体现出来，再结合灾区的地形因素、气候状况等，通过计算机处理可得出现场基准数据。利用 GIS 对病虫害进行预测、预报、分析和评估，确定受害林区范围和实施飞防作业时，也可利用 GPS 进行导航定位，从而节省大量的人力和物力，提高工作效率。

6.3.1.5 林业专题图编制

传统的林业制图一般都以地形图作为制作专题图的基本图，成图周期长、精度低、投入高，且多采用手工绘制，在一些无地形图的地区更是无法进行工作。"3S"一体化技术中的 RS 影像含有巨大的信息量，GPS 能够精确地导航定位，再利用 GIS 强大的制图功能，可以根据用户需要快速、精确地满足多种专题图制作的要求。"3S"一体化技术的应用，使传统的手工绘图被计算机所取代，是林业制图的一次伟大变革。

6.3.2 物联网智能森林防火应用

森林火灾突发性强、破坏性大、危险性高，是全球发生最频繁、处置最困难、危害最严重的自然灾害之一。我国总体上是一个缺林少绿、生态脆弱的国家，也是一个受气候影响显著、森林火灾多发的国家。

基于物联网应用技术的智能森林防火应用分为前端数据采集、网络传输和智能控制。前端采集林区现场数据（温度、湿度、大气压力、光亮度、视频信息），通过无线传输网络和互联网相结合的网络传输方式，将数据实时传送到监控中心服务器。在发生火灾时，实现实时报警和火点定位，及时警告相关负责人，并在地理信息系统上实现火点标绘。

以利用全新的现代信息技术为核心，搭建智慧化发展的长效机制、建立智慧林业的森林防火架构，主要包括以下几方面内容。

①信号采集。通过高空瞭望系统、一体化云台摄像机、烟温感摄像机、高清球机等采集设备进行信息收集。

②数据传输。可利用微波传输、5G 无线传输、光纤传输等方式搭建传输平台。

③设备供电。采用就近接取市电、风力发电、太阳能供电等多种方式。

④数据应用。通过对采集图片等数据的合成和 GIS 应用等，触发联动报警，及时采用应急、救护手段。同时可以进行智能化分析，在火灾发生之前进行预警。

在森林火灾预防与扑救工作中，可以将全球定位系统和地理信息系统相结合，整合到基于移动通信的手持终端中，基层一线职工通过配备手持终端巡逻，实现对所管辖森林的实时监管，能够实现以最短的时间发现火情，并对火情进行准确化定位。目前，福建省已广泛推广护林员手持终端的配备与应用。

6.3.3 "空天地一体化"自然保护地监测应用

"空天地一体化"中，"空"是借助激光雷达、臭氧雷达、多轴差分光谱仪、无人机等空间监控设备，打造垂直森林资源分布及传输监控网；"天"是利用卫星遥感监测，构建更为广阔的全域空间监控网；"地"是构建森林、湿地、大气、水、土壤、污染源等全方位森林资源监控网。构建"空天地一体化"监测体系，是为了满足森林资源生态环境综合监测等方面的迫切需求，掌握其相关技术对"空天地"观测能力的进一步提升具有重要的指导意义。

我国的自然保护地数量庞大、类型繁多，保护地内的动植物物种丰富，生态环境复杂多样。随着国家公园管理局的成立，对自然保护地的全方位监管逐渐被重视起来。

江西省基于江西国家湿地公园构建自然保护地"空天地"立体感知全面监测体系。在保护地"一张图"上，因地制宜为各保护地定制化构建立体化感知监测、物联网+业务应用、综合监管分析评估和宣教及公众服务等业务功能，并通过搭建保护区公众服务平台，实现移动互联的科普宣教与生态智慧旅游服务。

云南省利用卫星遥感和无人机遥感监测等最新自然生态监测技术手段，对自然保护区、重点环境敏感区域的自然植被的变化及开发利用和破坏情况实时监控，有效解决大尺度、大范围情况下，人工无法实地勘测自然生态监测问题，并将这一技术手段和成果应用于全省县域生态环境质量监测评价与考核。对九大高原湖泊的滇池、洱海开展了蓝藻卫星遥感监测，为实时研判蓝藻的暴发和水质变化提供了技术保障。

福建省在武夷山国家公园、冠豸山国家级风景名胜区、大金湖国家地质公园等自然保护地开展试点，将人工智能和机器学习技术引入自然保护地遥感监测，自动化识别新增或扩大的人类活动点位。近年来，卫星遥感技术已广泛应用于违建查处、生态状况评估等工作。自2017年"绿盾"自然保护区强化监督工作开展以来，各地依托生态云平台，借助遥感监测和大数据分析等手段，排查整治了一批涉及自然保护地的问题，有力震慑了违法违规行为，整治工作取得了积极成效。

6.3.4 无人机林业病虫害监测和防火应用

6.3.4.1 无人机林业病虫害监测应用

林业病虫害监测面临人手不够、勘察耗时长、难度大、覆盖范围小等问题，大大影响勘察的效率。利用无人机，可实现对森林的大面积拍摄，通过正射影像完成病虫害的识别标注，并定位到具体位置，再安排进行处置，能够大大提升病虫害防治效率。在利用无人机获取区域内森林病虫害现状的基础上，了解病虫害的动态变化、找到病虫害的发生规律、分析并预测流行蔓延性的病虫害的发生规律和发生趋势，能帮助研究人员得出更长期且更有科学性的森林病虫害预测结果。

6.3.4.2　无人机防火应用

无人机森林防火巡检系统是借助无人机搭载高清航拍摄像技术，结合无人机控制软件实现对森林管护区域的自动巡航、自动悬停多角度拍照。并通过挂载红外热成像监测传感器，实时对森林管护区域进行全方位的扫描监测，若发现潜在火源点，能及时锁定隐患并且抓取隐患点的视频画面，同时发出隐患报警至指挥中心。此外，该系统还可实现周边林业资源观测与其他观察功能。

思考与练习

一、名词解释

智慧林业，云计算，物联网，移动互联网，大数据，"3S"技术，人工智能，虚拟技术，RS 技术，GIS 技术，GPS 技术。

二、填空题

1. 智慧林业包括_____、_____、_____的特征体系。

2. 物联网具有_____、_____、_____的特点。

3. 移动互联网是一种通过智能移动终端，采用移动无线通信方式获取业务和服务的新兴业态，包含_____、_____和_____3 个层面。

4. "3S"技术是_____、_____和_____的统称。

5. 遥感系统主要包括_____、_____、_____3 个部分。

三、判断题

1. 智慧林业是基于数字化、感知化、互联化、智能化的基础之上，实现一体化、协同化、生态化、最优化。　　　　　　　　　　　　　　　　　　　　　（　　）

2. 智慧林业是在数字林业的基础上发展起来的林业信息发展模式。　　　（　　）

3. 智慧林业作为一种新兴的林业资源信息管理技术，它还不够成熟，没进入林业工作者的视线。　　　　　　　　　　　　　　　　　　　　　　　　　　　（　　）

4. 中国已将物联网作为战略性新兴产业的重要内容，并做出了明确部署。　（　　）

5. 移动互联网是"互联网+"的核心，已经渗透到各个行业，形成移动互联生态系统，并逐步走向全球化、智能化。　　　　　　　　　　　　　　　　　　　　（　　）

6. 大数据时代已经到来，但对于生态林业这个行业没有太大影响。　　　（　　）

7. "3S"技术是对空间信息进行采集、处理、管理、分析、表达、传播和应用的现代信息技术。　　　　　　　　　　　　　　　　　　　　　　　　　　　　（　　）

8. 人工智能不是人的智能，所以不能像人那样思考，也不可能超过人的智能。
　　　　　　　　　　　　　　　　　　　　　　　　　　　　　　　　　（　　）

9. 森林火灾突发性强、破坏性大、危险性高，是全球发生最频繁、处置最困难、危害最严重的自然灾害之一。　　　　　　　　　　　　　　　　　　　　　　（　　）

10. 无人机在林业中能大大提升病虫害防治效率，具有发现潜在火源点，及时锁定隐患等作用。　　　　　　　　　　　　　　　　　　　　　　　　　　　　（　　）

四、单项选择题

1. ( )年，国家林业局被列为首批国家物联网应用示范部委之一，有力地促进了林业物联网的建设与应用。

A. 2008   B. 2009   C. 2010   D. 2011

2. 随着"3S"技术的不断发展，将( )三大技术紧密结合的"3S"一体化技术已显示出更为广阔的应用前景。

A. word、excel、ppt   B. RS、GIS、GPS

C. PS、GIS、GDP   D. JPG、DOC、PDF

3. ( )的本质是保障人类能够在绿色的、可持续发展的自然环境中生存。

A. 生态林业   B. 智慧林业   C. 互联网技术   D. 中国林业云

4. ( )是从人造卫星、飞机或其他飞行器上收集地物目标的电磁辐射信息，判认地球环境和资源的技术。

A. "3S"技术   B. RS 技术   C. GIS 技术   D. GPS 技术

五、简答题

1. 智慧林业的基本特征有哪些？

2. 智慧林业产生的时代背景是什么？

3. "3S"技术在林业中的应用有哪几个方面？

4. 什么是人工智能？

5. 无人机在林业上有什么应用？

单元 7

森林文化

📖 知识目标

1. 熟悉森林文化内涵，明确森林文化在现代林业中的地位。
2. 熟悉森林美化过程，理解城市森林文化和乡村森林文化的内涵和区别。
3. 熟悉城市和乡村森林文化常见体现方式、功能。
4. 掌握森林美学概念、构成及古树名木的文化属性。

✅ 技能目标

1. 能欣赏森林之美。
2. 能运用所学推广并传播应用森林文化。

📘 素质目标

1. 培养学生感受森林文化内涵的能力。
2. 提升学生对美的鉴赏能力。

7.1 森林美学

7.1.1 认识森林之美

7.1.1.1 森林美的概念

森林美是自然美的组成部分，森林美的本质从总体上说就是自然美的本质在森林这个特定对象上的体现。森林不是林木个体的机械组合，而是特指由林木、林地以及与其互相作用的其他植物、动物、微生物、气候等因素组成的有机体。这些森林自然物的形象、自然属性正是构成森林自然美的物质基础。

7.1.1.2 森林美的特征

森林规模宏大，既可外赏，又可内观，内外景观不同，主体、客体、环境和谐统一。作为观赏对象，森林规模是巨大的，人的视野往往不能囊括其整体形象。在林外登高远望，苍苍林海、巍巍壮观；入林内，仰视才见高大树冠，平视望不透林木群体，深幽莫测。

森林是以绿色为基调，并有着复杂结构的特殊生命世界。在大地的母体上，养育着众多的以森林为主体的绿色植物和森林动物，它们协调共处，生生不息，这种和人生意义相契合的自然物质环境，正是森林美的魅力所在。

森林形象即森林总体呈现出的、可供观赏的外在形象，随着时间的流逝和观赏位点的移动而变化，构成了森林美的易变性和多样性。同一片森林，树龄不同，森林面貌就不同。一般来说，幼龄树和壮龄树、老龄树相比审美价值低；同龄林木，由于季节的变化，也会造成春、夏、秋、冬不同的林相；即使在同一树龄、同一季节，在不同的气象、时间条件下，森林形象也是不同的，如随着阴、晴、雨、雪、风、霜、雾、霭，晨昏四时等的变化，森林的情态、意境截然不同。另外，随游人视点移动，会出现不同的风景画面，就像欣赏电影一样，看到的是一个动态的森林风景序列。

此外，森林的绿色、散发的芳香、释放的氧气、对空气的杀菌净化等，这些都能对人的生理活动产生良好的影响，使人感到身心轻松舒适。正是这种森林本身形成的特殊的观赏性，对审美主体和审美客体起到了协调作用，从而加深了美感效应。

7.1.2 欣赏森林之美

欣赏森林之美就是把森林作为审美对象而进行的审美活动。在森林中欣赏者依据自己在长期的审美经验中形成的审美理想、审美观念、审美趣味，并通过联想、想象等心理活动，对森林美的形象和意境进行感受、体验、领悟、理解，从而获得情理结合的审美把握。森林的林木植物美、动物美、山水美、声音美构成不可分割的森林美的整体。

7.1.2.1 森林美的构成

（1）森林植物美

森林植物美分为以林木为主体的植物色彩美和形体美。

植物色彩美表现为以绿色为基调的森林色彩。树叶的颜色常因树种的不同而呈现不同的色相、明度和彩度。在森林内，树干的质地和色彩，也能对视觉产生很大影响，所以树干的颜色、斑纹和质地也是构成森林色彩美的重要组成部分。

此外，色彩也是花木美的重要组成部分。鲜红的玫瑰、金黄的菊花、猩红的杜鹃、洁白的玉兰、金黄的茶花、火红的石榴，还有那娇如红靥的桃花、灿若明霞的紫薇、万紫千红的月季、繁星点点的霞草……组成了一幅幅璀璨夺目、绚丽多彩的大自然图画。在花木的诸多审美要素中，色彩给人的美感最直接、最强烈，因而给人以最难忘的印象。人们用最美好的语言、用诗歌对它进行赞美，留下了许多千古佳咏。刘禹锡诗"桃红李白皆夸好，须得垂杨相发挥"，说桃、李的色彩；杨万里诗"谷深梅盛一万株，十顷雪花浮欲涨"，写梅花的色彩像雪一样洁白；李商隐诗"花入金盆叶作尘，惟有绿荷红菡萏"，则说荷花的叶绿花红。

果实的颜色也有着较高的观赏价值。例如，果实为红色的琼花、樱桃、山楂、冬青、枸杞、石榴、南天竹、珊瑚树、平枝枸子等，果实为黄色的银杏、木瓜、甜橙、佛手、金柑等，果实为蓝紫色的女贞、紫珠、葡萄等，以及果实为白色的雪果等，不胜枚举。

森林植物的形体美。从外面远眺森林，其总体形象是由起伏变化的林冠线勾画出来的，形成了蓝天下富于节奏的林韵。乔木树冠有球形、半球形、圆柱形、圆锥形、杯状、卵形、不规则形、垂枝形等；灌木有扇形、匍匐状、蔓状等；乔木树干多是直立单干，但也有双干、斜干、曲干等；树枝形态有水平的、上斜和下斜的、波状的、下垂的等；叶的形态更是多样，大体可分为针叶和阔叶，阔叶有单叶、复叶之分，而单叶叶形又有圆形、椭圆形、心形、扇形、披针形、马褂状、带状、羽状等。不同树种形态各异，即使是在同一树种，也会因其树龄不同，枝干、树冠的形态呈现不同特点。

（2）森林动物美

森林动物大体可分为3类，即兽类、鸟类、昆虫。

野兽是具有很高审美价值的审美对象。它们有着斑斓的皮毛、彪健的雄姿、凶猛的习性，既是勇敢和力量的象征，也是凶猛和强大的象征。欣赏狮、虎、豹这样的大型猛兽，要有一定的安全防范条件，才能构成现实的审美关系。林中那些于人无害的中小型兽类，如猴、鹿、麂、兔、松鼠等，则多是可以安全欣赏、令人喜爱的动物。

森林环境也是鸟类生存的天然乐园，千姿百态的鸟类，为大自然增添了无限诗情画意，同时也为游人增加无穷乐趣。北国寒温带地区森林中生活的鸟类具有适应寒冷环境特点；温带和暖温带森林中生活的鸟类有长尾雉、金鸡、血雉、褐马鸡、灰喜鹊、画眉类、啄木鸟类等，它们南来北往；华南地区热带雨林和季雨林，孔雀开屏、鹩哥开喉、犀鸟烂漫……鸟类动听的歌声，艳丽的色彩，优美的舞姿，赏心悦目，能激起游客对森林鸟类的热爱。

森林中昆虫种类繁多，也是森林美的一种。例如，翩翩起舞的蝴蝶是最美丽的昆虫之一，被人们誉为"会飞的花朵""虫国的佳丽"，常常被视为一种高雅文化的象征；兰花螳螂形似花朵，多停留在开阔的绿叶之上，是昆虫拟态的最经典案例之一，美丽且独特。

（3）森林林地美

林地是林木和其他动植物的载体、赖以生存的空间，是森林有机体的组成部分，也是森林美的重要因素。林地的地形大体分为平原林地、丘陵林地、山地林地 3 种。平原林地虽然地形缺少变化，但林地平坦、作业方便、道路水平向延伸，是最适宜游览的地形。丘陵林地比平原林地富于变化，地形的起伏形成韵律和节奏，游人漫步在起伏蜿蜒的游路上，更增美的情趣。山地起伏比丘陵更大，且形态千变万化，有的雄伟险峻、有的秀丽幽静、有的峰岭连绵、有的山石奇特，独具审美趣味。

（4）森林声音美

声音是由物体振动而发生的声波通过听觉所产生的印象。声音可分为自然发生的声音和人按美的规律创造的音乐。自然发生的声音都是自然而然出现的，如雷鸣、风吼、虎啸、猿啼、莺啭、虫吟、马嘶等，这些自然所表现的美，是森林美的构成因素。

7.1.3 创造森林之美

7.1.3.1 森林美创造的概念

所谓的森林美创造，实际上就是人们根据自己对森林风景的审美要求、美的法则，按照森林有机体的生长发育规律和森林的经济效益、社会效益等目的要求所进行的创造和改造，美化森林景观的实践活动。

7.1.3.2 森林美创造的基本原则

①森林的自然生长规律是森林美化的首要条件。森林是个以乔木为主体的植物、动物、微生物和土壤、空气等构成的复杂有机体，它有着自身生长发育的内在机制和活动规律，只有充分认识和尊重这种规律，森林有机体才能呈现健全的自然面貌。

②森林美化应注意突出和开发森林自身的自然美，切忌森林的庭院化和公园化。尽量减少建筑物和构筑物，特别是钢筋水泥砖瓦材料的建筑物和构筑物。对于必要的游憩设施可就地取用自然材料，并使其造型、色彩和森林环境协调，以保持发挥森林特有的壮观、沉静、野趣等自然面貌，同时也可节省投资。

③森林美化应根据森林的不同类型采取不同的美化措施。对于以林木物质收益为主要目的的森林，其美化措施要和森林作业的各个环节结合在一起，是以经济效益为核心，兼顾美的效益；对于以游憩为主要目的的森林，则在顺应森林的自然生态规律、保持森林特有环境面貌的基础上，根据游览要求，建立理想化的森林美，兼顾经济效益。

④考虑游人状况。例如，不同游人的游林倾向不同，不同地区的游林季节，游人的停留时间，游人的数量和游人的结构等。不同游人有不同的传统文化，不同的旅游兴趣。有的游人对森林旅游、休养抱有浓厚的兴趣，认为森林是旅游的最佳目的地；有的游人以人文景观著称的名胜古迹作为游览的兴趣中心，这就要注意发掘林区内有价值的人文古迹、古树名木、神话传说，以吸引游人。

7.1.3.3 森林的美化方法

（1）以木材生产为主要目的的用材林

这类森林美化的方法，要考虑区划线的处理、混交树种的选择、混交方式的确定、林缘的美化、森林的抚育结合美的创造、恒续林作业和美的创造、基于美学利用的森林利用开发、林副产品的利用、森林废弃物处理、森林美的保护、森林动物的保护、林区有价值的文物古迹和自然纪念物的保护和开辟、山水风景的处理、森林附属庭园的建设等诸多方面。

（2）以游憩审美为主要目的的森林公园

森林公园包括森林动物园、森林疗养地等。这类森林有的地处大城市郊区，有的因为风景优美、资源丰富或具有可以疗养健身的温泉，因而开辟为专供人们游览、休息或健康疗养的森林公园。这类森林已不再具有传统森林经营的意义，主要是为了满足现代文明生活方式而提供的有益于身心健康和休息的环境。它产生的主要效益不是木材生产的直接经济效益，而是因为开展森林生态旅游及康养而带动了商业、服务业的繁荣。所以森林公园美的创造一般要考虑树木群团的尺度和群团之间的距离、群团的树种、树群和其他要素的关系、游步道的处理、从施业林向森林公园的过渡方式等问题。

（3）以保护森林植物和野生动物为目的的自然保护区

以保护森林植物和野生动物为目的的自然保护区，是保护森林植物环境和自然资源，拯救濒危生物物种，进行科学研究的重要基地；对科学技术、生产建设、文化教育等事业发展，具有重要的意义。根据自然资源情况，自然保护区分为核心区、缓冲区、实验区，核心区只供观测研究，缓冲区对核心区起保护和缓冲作用，是核心区与实验区的过渡地带，实验区可以进行科学实验、教学实习、参观考察和驯化培育珍稀动植物等活动。根据有关规定，不经有关部门批准，任何单位和个人都不得进入自然保护区建立机构和修筑设施，也不能进行人工美化，严禁砍伐林木和狩猎，要完全保持其原始面貌。对于经过批准，在指定范围内开展旅游的森林，则必须进行规划设计，其方法步骤和森林公园大体相同，但要严格控制游人数量，有组织地开展旅游，防止造成环境污染和自然资源的破坏。

（4）防护林

防护林主要是为了调节流量、维持水质、减少侵蚀、防风固沙和发挥森林的其他有益影响而经营的森林植物。防护林的种类很多，如农田防护林、渠道防护林、沟头防护林、固沙林、卫生防护林等。营造防护林完全可以和创造森林风景结合起来，在选择树种时，除了根据不同种类的防护林生长的立地条件、防护功能要求，做到适地适树以外，还要尽量照顾到林相的四季景观效果，特别是城市的卫生防护林更是如此。例如，在北京，以高大的喜光树种毛白杨、白皮松作为第 1 层；第 2 层是半阴性小乔木元宝枫；防护林的阳面可种植喜光花灌木榆叶梅，阴面种植耐阴花灌木珍珠梅，并以此形成第 3 层。这样就在适地适树的基础上塑造出稳定而美丽的风景林：以白皮松为背景，四季常青；以毛白杨为骨架，蔚为壮观；春天榆叶梅，春花娇艳；夏天珍珠梅，白花繁茂；秋天元宝枫，红叶似火。

7.2　城市森林文化

7.2.1　走进城市森林

7.2.1.1　城市森林的发展历程

城市森林是生态城市的重要支撑系统。森林养育了人类，起初人类破坏森林，而今人类要恢复森林，把森林引入城市，把城市建设成为林木葱郁、四季常青、繁花似锦、虫鸣鸟语、水源丰沛、气候宜人、诸业兴旺、宜居宜行，具有城市和森林两方面特点的生态化城市。城市森林的发展经历了以下 3 个阶段。

第 1 阶段，通过建设风景式园林、池泉回游式庭园、自然山水园林等方式，把森林引入城市，这类园林是封闭式的，专供少数人享用。

第 2 阶段是发生于 19 世纪后半叶的"城市公园运动"。工业化大生产导致城市人口急剧增加，使城市的人居环境严重恶化。欧洲、北美地区掀起了城市公园建设的第一次大高潮，它给城市居民带来了出入便利、安全、空气清新的集中绿地，建设由建筑群密集包围着的一块块十分有限的绿地，形成城市公园。例如，我国上海的黄增公园、无锡的锡金公园，这类公园人们可以自由出入，为公益性公园。

第 3 阶段即当下的城市森林阶段。城市森林的概念最早出现于 20 世纪 60 年代，之后美国、加拿大等发达国家先后开展了城市森林的实践。中国林学会成立了城市林业专业委员会，将城市林业、城市森林、城郊森林、城乡绿化、都市林业等概念统一定义为城市森林，旨在指导各城市正确处理城市建设与森林生态保护之间的关系。

7.2.1.2 城市森林的内涵

城市森林可以概括为城市市区范围内已有的自然森林，以及新建的模拟自然森林的大面积人工森林。城市森林模拟自然森林，能强化城市绿地的基本生态功能、保护和改善物种多样性、充分发挥乡土物种的作用，但需要注意丰富人工造林的层次结构。

7.2.1.3 城市森林的功能

（1）生态功能

城市森林是城市生态系统的重要组成部分，广泛参与城市生态系统中物质、能量的循环利用和社会、自然的协调发展，在城市生态系统的动态自我调节中，特别是在改善城市小气候、减轻大气污染、杀菌防病、净化空气、降低噪声、涵养水源等方面发挥着重要的作用。

（2）经济功能

城市森林不仅有巨大的生态效益，而且经济价值也十分显著。一座具有城市林业特色的城市，可以为城市居民提供 50% 的薪材、80% 的干鲜果品。一个完好的城市防护林体系可以使郊区粮食增产 10%～15%，降低能源消耗 10%～15%，降低取暖费 10%～15%。

城市森林建设还可带动房地产业的发展，良好的绿化环境、花园式的住宅区已成为都市人们首选的目标。

（3）社会功能

城市森林的社会效益也是十分显著的。城市森林是一座丰富的知识宝库。例如，一座公园、一条林带或一处公共绿地，往往包含有许多生物种类，它们具有不同的形态特征、生态习性、生态价值。在文学艺术方面，城市森林除了为文学家、艺术家提供宁静、舒适、优美的创作环境外，还能激发他们的艺术与创作灵感。城市森林和绿地还为人们提供了良好的社交场所和游憩空间，有助于人们扩大交往、增进友谊，消除居民间的隔阂和孤独感。

7.2.2　认识城市森林文化

建设城市森林的宗旨是在尊重自然的基础上，营造人与自然和谐的空间，构建接近自然、功能齐全的森林生态系统，创造人类宜居环境。其目的在于改善城市生态环境，彰显城市魅力，提升城市文明品位。因此，城市森林不单是一种自然形态，更应是一种文化形态，是人类自我文明意识的全面提升。城市森林文化主要有以下几种表现形态。

7.2.2.1　市树

树木有各自特性、形象和性格，人们选择一种树木来彰显城市的品格。市树代表了城市形象，是一座城市精神风貌象征，体现了一座城市的文化品格。市树与一般树木相比，具有更多的人文价值和文化价值。市树必须具有一定的历史渊源性、代表性、乡土性和文化内涵。市树一般是当地栽培历史最悠久的树种之一，分布广泛、种植数量多；树种形态美观，观赏性强，深受市民喜爱；符合当地自然条件，有地方特色，能体现城市的自然风貌；有一定的历史和文化内涵，有象征意义，能代表市形象，彰显城市特色。例如，东北的丹东、西南的成都、长江流域的扬州，都把银杏定为市树；水杉被称为"活化石"，被武汉市定为市树；雪松被南京市民选为市树；杭州、苏州、无锡都以香樟作为市树；福州因城市广布榕树，别称榕城。有的城市还以两种树木作为市树，如北京，除了评选国槐作为市树外，还把侧柏定为市树；扬州也把银杏和柳树同时定为市树。

7.2.2.2　市花

花卉多姿艳丽，象征着美好、富贵。市花代表着一个城市独具特色的人文景观、文化底蕴、精神风貌，也是城市形象的标志。我国花卉栽培已有2700多年的历史，赏花踏花，探花咏花，已成为中华传统文化的一个部分。春日桃红李白，牡丹富丽；夏日荷花玉立，茉莉香浓；秋日菊傲霜，桂含芬芳；冬日寒梅吐蕊，水仙凌波。市花必须具有物种代表性，有地方特色，有一定的历史和文化内涵，能够形成良好的景观效果。能作为市花的，不仅因为花之色、形、香味和神韵，更重要的是它具有文化上的象征意义。例如，南京市花为梅花、洛阳市花为牡丹、济南市花为荷花等。

7.2.3　城市森林文化的发展及对策

7.2.3.1　城市森林的发展

出于人的自然本性，人类意识到绿色是他们生活中不可缺少的组成部分。绿色空间能给城市和建筑带来舒适、优美、清新的环境。城市森林建设是生态化城市发展的重要内容，也是新时期我国城市林业发展的新方向。

党的十八大以来，森林城市建设在经济社会发展和生态环境改善中的作用越来越凸显。原国家林业局确定了国家森林城市建设40项指标，森林城市建设已成为增加森林面积、保护森林资源的有效手段。《中华人民共和国国民经济和社会发展第十三个五年规划纲要》提出，加快城乡绿道、郊野公园等城乡生态基础设施建设，发展森林城市，建设森林小镇。《中共中央 国务院关于进一步加强城市规划建设管理工作的若干意见》提出，建设森林城市，进一步提高城市人均公园绿地面积和城市建成区绿地率，让城市更自然、更生态、更有特色。国务院将国家森林城市称号批准列为政府内部审批事项，将森林城市工程列入"十三五"165项重大工程项目中。各地通过实施森林增长工程，开展城区的拆迁补绿、见缝插绿，建设郊区森林公园、郊野公园，绿化水系和道路，显著增加了城市森林绿地面积。森林城市建设以改善城市生态环境、增加城市森林面积、提升城市森林质量、增加城市居民游憩空间为目标，加强城市森林建设，使森林覆盖率达到《国家森林城市评价指标》要求的城区树冠覆盖率达25%。森林城市群建设将针对城市群发展对林业生态、产业、文化等多种服务功能的需求，以及有效应对区域性生态环境问题的社会期待，依托河流、湖泊、山峦等自然地理格局，构建互联互通的森林生态网络体系，使城市群地区蓝绿空间占比达50%以上。

杭州坚持"环境立市"的城市发展战略，大力推进森林城市建设，创建了独具特色的杭州城市森林建设模式。其在森林城市建设中，注重自然景观与人文景观相融合、与城市文化相结合、与生态文明相结合，大力发展森林文化、山水文化、竹文化、茶文化、花文化、森林休闲旅游等新兴文化产业，完善生态文化基础设施，让民众共同建设森林城市，共同享受生态文明。厦门市提出的"一心两谐五湾多点"，拉开了厦门森林城市的建设框架，通过森林这条绿色纽带，让山海相融、城景相依，岛内岛外一体，如日月合璧；新城、新区镶嵌式布局，似七星连珠。

7.2.3.2　城市森林文化的建设对策

（1）增强城市居民生态文明意识

近年来，我国不断强调可持续发展，人们的环保观念和生态文明意识也在不断提高。城市森林文化建设能进一步加强人们对生态文明的要求，帮助城市居民进一步提升环保意识，更加主动地投入城市的可持续发展工作中。因此，在城市森林文化建设工作中，必须深入挖掘森林文化的内涵，要通过加强森林文化教育和宣传，让人们深入了解城市森林文化建设工作对城市发展的重要性。每一个城市都有自己独特的历史和底蕴，其历史文化就是城市的灵魂，城市森林文化的发展为城市文化注入了新生的力量，帮助城市和居民更加健康长远地发展。通过对城市森林文化的宣传，城市居民会对森林的价值和优势有具体的了解；同时，通过森林文化对人们日常生活的积极影响，也促使人们更加关注生态环境的保护和可持续发展的施行。

（2）尊重生态循环，提升绿植覆盖率

每一个地区都有自身独特的生态系统循环，破坏其循环系统就会对当地的生态文明造成极大的破坏。然而，随着城市化水平的提升，城市中的钢筋水泥建筑随处可见，绿植覆盖率却越来越低；不仅如此，城市当中的生物种类也在逐渐减少。人们或许知道生态环境循环概念，但是并没有渠道去真正地了解。城市森林文化建设能将生态循环这一问题在居民中进行广泛普及，让生活在城市里的人们深入了解生态系统的循环，从主观上提升对绿植覆盖率的追求，提升城市的绿化水平，将城市打造得更加适合居住。人们在经济水平提升后更加注重生活的品质和审美情趣，城市当中需要动植物进行填充和点缀，城市森林文化建设能为人们进行指导，帮助人们转变思想观念，提升对绿色环保和城市绿化程度的追求，促进城市进一步实现可持续发展。

（3）促进生态文化产业发展

森林具有防风固沙、涵养水源、保护物种多样性等作用。要大力推动城市森林文化建设，让人们对森林的价值有更加深入的了解，通过建立生态文化旅游景区、生态文化体验馆等方式加强对生态文明的有效利用，加强人们对森林价值的重视。在保护生态文明的同时，通过生态文明的经济效益来带动地区的发展，通过探寻森林的经济价值对生态环境进行保护，能在一定程度上促进林业的发展。

"城市，让生活更美好"，每个人心中都有一座理想城。未来的城市，是全球化时代的城市，是注重生态环境与人类社会协调发展的城市。生态城市具备生态完整性，体现了人与自然的生态连接，人类必须克制自身的某些行为，将海绵城市、智慧城市充分地融入森林城市之中，才能真正实现建立生态城市的根本目标。

7.3 乡村森林文化

7.3.1 走进乡村森林

乡村森林是指除城市森林以外所有国土上的森林资源，是国家森林的基本组成和国土生态安全的基本架构。它包括以生产木材和其他林产品为主要经营目的的商品林、以发挥生态效益为主体功能的生态林，以及作为崇拜和审美对象的文化性森林等。乡村森林受到人类的干扰较少，因此不同于城市森林和森林公园。乡村森林生态系统是森林生态系统的主体，也是整个陆地生态系统的重要组成部分。乡村森林的服务功能多种多样，主要包括提供木材和林副产品、涵养水源、固土保肥、固碳释氧、净化环境、维护生物多样性，以及休闲、审美、宗教、文化等功能。乡村森林文化主要有以下几种类型。

7.3.1.1 人居性乡村森林

乡村人居林是指在乡村居住活动区域及其周边区域，为改善乡村生态环境、保障居民身心健康、丰富乡村文化内涵、发展乡村经济所营造的以林木为主体、乔灌草相结合的复合植被群落。乡村人居林的建设类型主要有庭院林、行道林、水岸林、围村林、山村防护林和游憩林等。以福建省为例，近年来福建各地大力开展"创绿色家园、建富裕新村"活动，是乡村人居林建设的一项创举。全省掀起大种"名贵树、财富树、公仆树、子孙树、风水树"的绿化热潮。与传统乡村林业和乡村绿化不同，乡村人居林更加注重人居环境的改善和居民的身心健康，更加注重人与自然的和谐。乡村人居林建设的核心是体现绿色，而绿色的内涵是生态。这就是说，要以生态学原则为指导，运用生态技术，改善和提高乡村生态环境，兴办各种绿色产业，增加农户收入，逐步引导农民走上生产发展、生活富裕、生态良好的新农村建设之路。乡村人居林建设固守中国传统文化中的循环共生思想。中国传统乡村本身就是一个良性的循环系统，如利用乡村人居林的林下剩余物作燃料、利用森林中的腐殖质用以肥田、用木屑碎片铺路、人畜粪便返田等，形成良性循环，体现的就是循环共生的理念。乡村人居林建设大多采用农林复合经营模式，如林粮间作模式、林药间作模式、林果间作模式、林蔬间作模式等，利用林下空间，发展粮食、水果、药材、蔬菜、蘑菇等产品。同时利用林下剩余物和人畜粪便建立沼气池，沼气的废弃物又可作为肥料，形成人畜粪便—沼气利用—肥料返田的良性循环。这些顺应自然的生活方式及其所体现的朴素的生态理念，蕴含着一种深刻的东方智慧的文化涵养。

7.3.1.2 民俗性乡村森林

民俗性乡村森林主要是一些依据乡村习俗和风水需要营造的森林，一般称为风水林。这种风水林在华南不少的乡村都有分布。村落在选址时，考虑到风水的因素，通常会在茂密的树林旁兴建，使森林成为村落后方的绿带屏障。村民相信风水林会为村落带来好运，因此都很重视保护风水林。他们还会在风水林中栽种具有不同实用价值的树木（如果树、竹林，以及榕树、樟树等），使风水林兼具实用经济价值。乡村风水林根植于中国传统文化，历经数千年的传承和发展，蕴含丰富的历史文化思想、民族特点和生态意义，是一种特殊的景观资源。人们之所以营造风水林，就是为了追求良好、宜居的生存环境。古人认为，理想的人居环境必须符合"藏风""得水""乘生气"几个要求，除了形局佳、气场好，还要求山清水秀、环境宜人。而栽种树木就是改善人居环境的一个极好的办法。风水学提倡"天人合一"的环境观，风水林实际是风水学与植物学、建筑学、美学等学科结合的产物，是人类和大自然共同创造的，具有良好的生态价值、景观价值和文化价值。风水林文化在历史的发展过程中，逐渐演化为山区民众适应环境的一种文化方式。这是一种朴素的生态伦理观，体现了一种敬畏森林和自然的生态伦理思想，有着深刻的自然保护意义。风水林文化的具体形态主要有村落宅基风水林、坟园墓地风水林等。

（1）村落宅基风水林

村落宅基风水林指村落宅基周围人工种植或天然生长并得到保护的风水林木。主要有4类：一是主要种植在村落的总出入口（水口）处的水口林；二是一般坐落在山脚、山腰的村落或村落后山的龙座林；三是主要种植于村落前面的河边、湖畔的下垫林；四是种植在宅基周围和庭院内，用来美化和改善居住环境的宅基林。福建闽西南客家村落的后山，通常都有种植成片的风水林，这些树木多由祖辈传下来，都有几十年乃至上百年的树龄。这些风水林被当作村落盛衰的象征，受到严格保护，代代相沿不辍。

（2）坟园墓地风水林

坟园墓地风水林指坟园墓地周围人工栽培或天然生长并得到保护的林木。该类型风水林起源于我国早期殷周时期的"封树之制"："积土为坟，封也；种树以标其处，树也"。西汉时期儒家强调等级礼仪，对墓地植树有着非常明确的规定。古籍中有载："尊者丘高而树多，卑者封下而树少。天子坟高三刃，树以松；诸侯半之，树以柏；大夫八尺，树以栾；士四尺，树以槐；庶人无坟，树以杨柳。"可见从西汉时期起，除皇家和达官贵人之外，平民百姓也都在祖宗坟地植树。古代人认为"木之茂者，神所凭"。在墓地植树成为子孙后代孝敬祖先的具体行为，亦是死者亡灵得以安息、生人得到庇佑的祭祀活动的外延。所以人们把祖宗坟墓置于具有良好环境景观的风水山上和风水林中加以保护，或在祖宗坟墓四周依方位种植树木，作为该家族的风水林或风水树，并把风水林木长势的好坏与家族命运结合在一起，风水林和祖宗崇拜融为一体，使其更具有神秘意义。例如，北京西北郊的明十三陵、南京东郊紫金山的明孝陵、河北遵化的清东陵、河北易县的清西陵，都种植有大量的风水林。

7.3.1.3　游憩与防护性乡村森林

伴随着生活节奏的不断加快，现代人尤其是城市居民往往置身于激烈竞争旋涡中，精神不堪重负，他们急切需要远离城市、污染与竞争，回归自然、寻找休闲的生活方式，因此越来越多的城里人到乡村去寻找属于自己的"世外桃源"。走在南方的乡村，满山浓绿、碧水清幽、粉墙黛瓦、如诗如画，构成了一幅幅秀美乡村生态图景。而其中最吸引眼球的，莫过于村前村后的一株株参天大树和一片片秀丽林海。这些具有观赏价值的林地被称为风景林。风景林在中国已有上千年的传承历史，在民间也被称为风水林、水口林、后龙山等。今天我们定义的乡村风景林，就是指分布在村庄周边，具有保持水土、涵养水源、防风固沙和调节小气候等功能，且树龄较长、绿化效果好、有一定乡村文化底蕴的片林，也就是具有游憩与防护功能的乡村森林。这些散落在乡间的森林，树种丰富、郁郁挺拔、历史悠久、饱经沧桑，是当地村庄的符号和标志，更是当地村庄的灵魂和主色调。南方的乡村风景林大多数为乡土树种，用一句话概括起来主要有"红豆银杏苦槠枣，荷枫楠朴杉栎樟"，易栽易成活。

7.3.1.4　产业性乡村森林

产业性乡村森林主要指乡村森林资源可转化为产业发展的森林类型。其中，林业产业作为"绿水青山"转化为"金山银山"的重要载体，是规模最大、潜力最大的绿色经济，是涵盖范围广、产业链条长、产品种类多、就业容量大的产业门类。党的十八大以来，随着集体林权制度改革的不断深化，农民经营林业的积极性空前高涨，木竹加工、特色经济林、林下经济、生态旅游等乡村林业产业快速发展。

党的十九大提出实施乡村振兴战略，林业既是国家重要的公共事业，也是国民经济重要的基础产业，是大农业的重要组成部分，在乡村振兴中具有不可替代的重要作用。广大农村拥有丰富的森林资源，在人口逐渐增多、人均耕地日趋减少的情况下，农村应发展符合市场需要、有本地特色的优势林业产业，这是开展精准扶贫、扩大农民就业、增加农民收入，实现农村产业兴旺、农民生活宽裕的重要途径。特别是在边远山区、没有工矿企业的农村，以乡村森林培育为依托、大力发展林业产业就成为农民致富的首选产业项目。目前，中国农村通过种植推动林业产业发展的林木种类项目就非常多，如种植果树、人参、茶树、松树，以及食用菌、中药材等。

7.3.2　认识乡村森林文化

中国传统文化与自然、树木的融合非常独特，不论是松、柏、竹、梅，还是桑、茶、橘、栗，无不体现出中国人的精神面貌和勤劳智慧。孔子曰"岁寒，而后知松柏之后凋也"，就把松升华成一种精神，使之成为中华民族精神的一种象征。乡村森林文化是指以乡村森林为背景的文化现象，是森林文化的一种重要形态。乡村森林文化与城市森林文化共同组成森林文化并行的双翼。乡村森林文化具有原生性、民族性、乡土性、地域性、多样性等特征，主要形态有乡村人居林文化、乡村风水林文化、古树名木文化、乡村防护林文化等。乡村森林文化是生态文化的重要源泉，倡导顺应自然的循环型生活方式，固守敬畏森林和自然的生态伦理思想，有着深刻的自然保护意义。乡村森林文化倡导的这种"天人合一"的文化生态，对增强乡村社会凝聚力，推进社会主义新农村建设，具有极其重要的现实意义。

乡村森林文化的主要构成是山区(山地丘陵)、林区的森林文化，如山寨、山乡、山庄等，同时也涉及平原、沿海乡村的森林文化。其总体是相对城市森林文化而言的，加之少数民族也恰是居住在边寨山村，因此乡村森林文化的特征是本土性、民间性和民族性。在此基础上，乡村森林文化为人们展示了多层、多样、多彩的山乡森林图幅、乡村生活图幅、民族风俗图幅、边寨风情图幅。这里有着不同种群的森林，不同的生产和生活方式，不同风格的民居建筑、服饰装饰、交通设施、木竹器皿、舞蹈音乐，以及不同的民俗习惯、宗教信仰等。这些民间的、本土的、民族的文化形态，造就了森林文化最广泛、最深厚的土壤。

7.3.2.1　乡村森林文化发展

乡村森林文化是乡村森林的生态整合和文化提升，它传承了中国传统的山岳文化、风水文化、古树名木文化、宗教文化、民俗文化，弘扬了中国现代的自然保护区文化、森林公园文化、森林休闲文化、野生动物文化、荒野文化的文化内涵，构成别具一格的森林文化形态。乡村森林文化是生态文化的重要源泉。乡村森林文化倡导顺应自然的循环型生活方式，固守敬畏森林和自然的生态伦理思想，有着深刻的自然保护意义。这是一种文化的生命原动力，它需要随着时代的进步不断传承和发展。这在城市化进程飞速发展的今天，显得尤为重要。随着城市化进程的加快，经济的迅猛发展对传统乡村社会文化价值带来强烈冲击、乡村文化价值体系解体，使中国乡村的文化生态发生了巨大的变化。这一变化主要表现在乡村文化生活缺失、文化载体单一、文化组织松散、文化建设严重滞后于经济发展，农民精神生活十分贫乏。要改变这种状况，在充分发挥新文化作用的同时，还应该向优秀的传统文化寻求灵感，尤其要重视发挥乡村森林文化在重构乡村文化生态中的特殊作用，用最贴近自然、最贴近民众的乡村森林文化来丰富农民的精神世界。乡村森林文化倡导人与自然、人与乡村、人与人、人与自我之间的和谐共存。在对待人与人的关系上，它强调一种公共、人本的理念；在处理人与自然的关系上，它强调和谐、循环、共生的理念。乡村森林文化倡导的这种"天人合一"的文化生态，蕴含着自然、淳朴、和谐的文化品格，值得社会各界学习推广。

7.3.2.2　乡村森林文化研究

国内许多学者开展了对乡村人居林传统森林文化的研究，主要集中在乡俗民约管理，寺庙宗教管理，神山、神树和风水林管理等方面。研究内容主要涉及传统乡村森林文化与林业管理的关系。比较有代表性的有，裴朝锡等研究了我国南方侗族神山、神树、坟场森林文化和乡规民俗对乡村林地管理的促进作用；程庆荣等研究了广东乡村风水林、神树和乡规民俗与当地林业管理的关系，并指出这种管理经验和方式值得推广；另外，苏淑琴还研究了传统森林文化与建设模式的关系，指出土族、回族村民种植村寨树和庭院种植果树以满足生产生活需要的发展模式值得借鉴。有学者在分析总结少数民族经营管理乡村森林的有效形式后指出，要继承少数民族管理乡村林业的好传统好经验，完善管理措施，使传统经验在乡村林业管理中发挥更大作用。随着科技的进步和研究的深入，我国乡村人居林建设越来越重视对村民的关注，尊重村民意愿，充分考虑村民的利益与要求，立足农村实际需要做好乡村人居林工作。研究重点逐渐由理论性向实用性转化，重点加强乡村人居林构建技术体系和评价支撑体系的研究，为我国乡村人居林合理构建提供必要支撑；也从一味重视生态效益逐步转向关注村民健康和改善居住环境，不断加强乡村人居林建设与农村人居环境改善的关联性研究，为我国乡村人居林科学发展提供研究指导和理论支撑。

7.3.3 乡村森林文化的保护传承

7.3.3.1 传统村落的保护

传统村落是与物质、非物质文化遗产大不相同的另一类遗产，它是一种生活生产中的遗产，同时又饱含着传统中国传统村落的生产和生活。传统村落的精神遗产中，不仅包括各类非物质文化遗产，还有大量独特的历史记忆、宗族传衍、俚语方言、乡约乡规、生产方式等，它们作为一种独特的精神文化内涵，因村落的存在而存在，并使村落传统厚重鲜活，还是村落中各种非物质文化遗产不能脱离的"生命土壤"。

7.3.3.2 美丽乡村建设

美丽乡村建设从"林"开始，在美丽乡村建设中发展林业能够起到涵养水源、调节气候、减少粉尘的作用，同时还有利于保持生物的多样性，是形成适宜居住环境的重要措施。在建设美丽乡村的过程中发展林业还有利于提高农民的经济收入。一是发展景观林，营造良好的生态环境，为休闲旅游农业的发展打好基础。二是发展经济林，提供果品、药材、工业原料和林业副产品，让种植户获得较高的经济收入。三是开展林业养殖等项目，有效利用林间空闲土地。通过林业发展还能为城市居民提供体验新时期农民生活的良好场所，充分发挥观光、旅游的作用，满足人们回归自然，体验农村田园生活的需求。不仅帮助居民调整产业结构、增加收入，而且促进了城乡交融与和谐发展。

7.4 名木古树文化

7.4.1 走进名木古树

7.4.1.1 名木古树的概念

古树名木，是指人类历史发展过程中保存下来的年代久远或具有重要科研、历史、文化价值的树木。自古以来，中国人民对古树名木含有一种特殊的情感，人们对它的尊敬、崇拜，已绵延了数千年。它与中华民族的生存和发展结下了不解之缘，并在中华民族的文明进步过程中具有不可替代的作用。在我国，"古树"和"名木"这两个词语，通常被连用组成"古树名木"一词。从字面分析，"古树名木"一词可以涵盖 3 种树木：①古老但无名的；②有名但不古老的；③既古老又有名的。按全国绿化委员会对古树名木认定标准，得出的调查结果显示，全国的名木数量只占全国古树名木总量的 0.2%，其余均为单纯的古树。但是，我国地域广阔、历史悠久、文化灿烂，许多古老的树木都是历史的见证者和文明的传承体。它们或许并不珍稀濒危，也非名人所植，可是它们所记载的历史，传承的文明却不容忽略。

7.4.1.2 名木古树类型

我国地域辽阔、地形复杂、气候差异大，从南到北依次分布着热带雨林、亚热带常绿阔叶林、暖温带落叶阔叶林、温带针阔叶混交林、寒温带针叶林，植物资源极其丰富、种类繁多，木本植物资源尤为丰富。植物学家威尔逊曾表示，世界上很少有国家能像中国那样对多年生植物古树有如此浓厚的兴趣，没有别的国家能成功地养护植物如此之久，且具有不间断的历史。

我国古树数量众多、种类丰富，且大部分属于乔木类。乔木类树身高大，由根部发生独立的主干，树干和树冠有明显区分。乔木按冬季或旱季落叶与否分为落叶乔木和常绿乔木。常见的落叶乔木品种有银杏、法桐、杨树、柳树、榆树、国槐等。常见的常绿乔木有樟树、榕树、柏树、马尾松、广玉兰等。由于每种古树都有其自身生长特点和用途，以下仅重点介绍几种常见的和具有代表性的古树。

古银杏：银杏树又名白果树，古又称鸭脚树或公孙树。银杏树为高大落叶乔木，躯干挺拔，抗病害力强、耐污染力高，寿龄绵长，几达数千年。银杏树有极高的观赏价值，以其俊美挺拔、叶片玲珑奇特而深受人们的青睐，它与雪松、南洋杉、金钱松一起，被称为世界四大园林树木。我国园艺学家们也常常把银杏与牡丹、兰花并称，誉为"园林三宝"，并把它尊崇为国树。此外，银杏的果实、根、叶、皮都具有很高的药用价值。

古榆：榆树属榆科，落叶乔木，树干直立，枝多开展，树冠近球形或卵圆形。树皮深灰色，粗糙，不规则纵裂。榆树适应性很强，根系发达，能抗风、保土、抗污染，叶面还具有很强的滞尘能力。其果实(榆钱)、树皮、叶、根可入药。榆树是良好的行道树、庭荫树，可作为工厂绿化、营造防护林和四旁绿化树种，产于我国东北、华北、西北、华东等地区。

古国槐：国槐树冠球形庞大，枝多叶密，花期较长，绿荫如盖。速生性较强，材质坚硬，有弹性，纹理直，花蕾可作染料，果肉能入药。国槐能防风固沙，是用材及经济林兼用的树种，也是城乡良好的遮阴树和行道树种。该物种为中国植物图谱数据库收录的有毒植物，其花、叶、茎皮和荚果有毒。

古樟：樟树别名香樟、木樟、乌樟、芳樟，属常绿大乔木。树皮灰黄褐色，细纵裂；叶近革质，具樟脑味；其花、叶、皮均可入药。樟树适应性强，高可达 50m，树龄成百上千年，可称为参天古木，主要分布于长江以南各地，为常绿阔叶林的代表，也是优秀的园林绿化树种。

古榕：榕树属桑科榕属，喜好温热多雨气候，多分布于中国南方地区。榕树树冠舒展，干粗壮且多分枝；因深根性强，所以具有很强的适应性，易于与不同科属的各种树木共生而组合成景。皮枝可入药。

古松：松树是针叶树的一种，既高且瘦，遮阴性不佳，属于南美杉族群。树皮多为鳞片状，叶针形，果球形，种子称为松子可以食用。木材和树脂用途很广。松树在全世界有100多个品种，大部分是喜光速生树种。福建省原有的乡土品种有华山松、油松、白皮松、马尾松、巴山松和杜松。它们既是荒山造林的主要先锋树种，也是营造风景林、疗养林的良好树种。

古柏：柏树属裸子植物门，是松杉纲的一种，常绿乔木或灌木。叶小，呈鳞形或刺形。柏树斗寒傲雪、坚毅挺拔，乃百木之长，素为正气、高尚、长寿、不朽的象征。自古以来柏树也是悲哀和哀悼的情感载体，所以柏树总是出现在墓地。在我国的园林寺庙、名胜古迹处，常常可以看到古柏参天、荫蔽全宇。

7.4.2 认识名木古树文化

森林是地球绿色世界的主体，它在人类生存繁衍和不断发展的过程中发挥着生态、经济、社会和文化等多方面的作用。作为树木中的寿星、明星的古树名木，其发挥着特殊作用。

7.4.2.1 名木古树文化的内涵

名木古树文化可以概括为名木古树给人类物质文明和精神文明带来的作用和影响，即以名木古树为表现对象的文化形式和文化心理的总和。简单说来，名木古树本身是物质文化的范畴，以名木古树为表现对象的文化和文化心理是精神文化的范畴。古树名木的文化属性是通过一定的物质形态、文化形式和文化心理表现出来的，大致包括实用、审美、象征性这3个方面。

7.4.2.2 名木古树文化属性

自古以来我国人民对古树名木含有一种绵延数千载的特殊情感。以古树为题材的神话传说、人物事迹、历史典故、诗歌及绘画作品构成了我国丰富的人文资源。在中华民族数千年的历史长河中，古树名木作为树木的"长者"，是树木文化的重要组成部分，它丰富了中国文化的内涵，形成了别具一格的文化特征。

（1）名木古树的历史性

名木古树历史悠久。据说，世界上现存最古老的树是波利尼西亚群岛上的龙血树，有9000多年的历史；我国现存最古老的树要数陕西黄帝陵轩辕庙的柏树，高14m，胸径9m，称为"黄帝手植柏"，亦称"挂甲柏"，距今已有4000余年，堪称中国古树之冠。其次是台湾地区山林中的红桧，有3000多年的历史。

名木古树具有珍贵的历史价值，它的存在常与文化古迹、名人轶事、神话传说、历史典故相联系，因而具有文化考古、历史考证的价值。祖辈流传下来的民间古树故事，每每涉及朝代和历史名人，以树比物、以树喻人，生动具体、活灵活现。例如，河南新野县沙堰镇的汉桑，旁有碑文记载，当年关羽督工建造拦河工程，桑树下就是他指挥工程的联络处。关公白天河上监工，夜晚桑下住宿，便留下了"三宿桑下"的美谈，历史沧桑的"关宿桑"至今让人神游向往。

（2）名木古树的宗教性

树神崇拜在世界各地非常普遍，在不同的历史时期不同的民族都有一定的树神信仰。虽然内容极其多样，精神却相似。例如，墨西哥的印第安人崇拜"世界生命树"；欧洲雅利安人的各氏族都崇拜神树；古罗马城中的一株山茱萸被视为最神圣的东西；西非的部族视高大的木棉树为神灵。中国自古以来，就有树神崇拜的传统。我国古代有许多小国，以树木为国名或地名，如春秋时"杞国""棠""北杏""桃""栎""柽"等，均为当时之国名或地名，且这些树木多为该地的社木树种，如"夏后氏以松，殷人以柏，周人以栗"。这些社木代表了土地之神，各国均设坛祭祀之。古树与人们日常生产生活极其密切。在农村或许多少数民族地区，上百年的老树，常被人们当作"神木"来崇拜，人们敬畏它、祭拜它。古树曾是人类生命的庇护所。兵荒马乱的年代，古树的果实是农民的食物之源。在张家口马兰村有几株300多年的古榆，在灾荒战乱年代，村民都以榆叶、榆钱充饥，村民称之为"度荒榆"。当战乱过后，村民们建庙来祭祀之，以报答古榆对他们的救命之恩。古树以其寿命长、名称具有寓意以及树姿独特而具有象征意义。例如，古松柏，在中国素有"松柏长青"的佳话，往往栽植于陵墓、社坛、皇家园林和寺庙观宇中；古榆树，有"年年有余（榆）"之意；古枣、古桂树，有"早（枣）生贵（桂）子"之意。

（3）名木古树的文学性

在我国文学史上，描写树木的诗歌很多。例如，春秋时期的《诗经》："昔我往矣，杨柳依依。"宋代欧阳修的《秋声赋》："丰草绿缛而争茂，佳木葱茏而可悦。"清代顾炎武的《又酬傅处士次韵》："苍龙日暮还行雨，老树春深更著花。"

在古诗中，诗人借助树木树种的典型季节特征、树种的寓意或雄姿等的描写来抒发某种感情。陆机在《文赋》中有："悲落叶于劲秋，喜柔条于芳春"之作，不同的景物通常对应着特定的情感体验，如"春色满园关不住，一枝红杏出墙来"，表达了诗人面对满园春色时那种溢于言表的喜悦之情。受古树苍老的外在形象的影响，诗歌中对苍老古树的描写，多将之与周围环境联系起来以表达哀愁伤感、追忆缅怀之情，如马致远的《天净沙·秋思》："枯藤老树昏鸦，小桥流水人家，古道西风瘦马。夕阳西下，断肠人在天涯。"勾勒出深秋季节傍晚时分无比萧瑟的景观，表现出了天涯沦落人的彷徨、孤独、感伤。此外，古代也有许多诗人咏颂过古树那顽强的生命力和那拔地参天、苍郁葱蔚的雄姿，如清代奉天民政使张元奇曾写诗句："木奇真个木能奇，一路秋林尽入诗。别有边关佳丽气，霜天九月发奇姿"，表达了诗人对古树顽强生命力的赞美之情。

（4）名木古树的艺术性

古树是我国传统绘画艺术的重要题材。古树根深叶茂，浑朴豪迈的气象外表常常激发艺术家的创作灵感。有的挺然高昂，意气凌云；有的虬枝横空，龙翔凤舞；也有的叶张翠盖，荫及四方。这些古代劳动人民精心培育的树木，既匠心独运地映衬着巍峨的宫阙寺观和明丽的绿水青山，装点了祖国的大好河山，又蕴含着"前人栽树，后人乘凉"的高贵思想，至今令人仰止。在中国人民心目中，这些古木已不是无情的草木，而是老而弥坚、苍而愈茂、永远自强不息的自立于世界民族之林的崇高象征。历代画家的古树绘画作品，一方面再现了古木自然美的风采，另一方面艺术家通过托物抒怀，反映了人民群众的情感、意志和愿望，在一定程度上表现了民族精神和时代气息。我国 20 世纪著名书画大师齐白石创作的《古树归鸦》，用笔简练，墨色讲究，以独特的大写意国画风格、笔墨干湿浓淡的变化强化了聒噪的鸦群和幽静的山村之间动与静的对比，表现出秋冬山野清旷悠远的景色。

7.4.3　名木古树文化的现实应用

7.4.3.1　名木古树景观资源的应用

在遵循市场价值规律和满足景观生态需要的前提下，现代设计师采用科学移植技术和养护技术对散生在荒山野地的古树进行保护性移栽，使古树的景观价值、生态效益和自然效益得到更充分的体现。设计师主要通过以古树为主景和以古树为衬景这两方面，根据古树树种、树形、四时之景以及其独特的人文气息来对景观环境进行空间的塑造和场所精神的塑造。在现代城市景观环境设计中，以古树为主景，主要是以点景的方式来营建空间，形成视觉焦点。它们一般运用在城市道路、住宅公共区、建筑入口、公园入口等地，既为城市增添特色景观，也为城市居民提供一个清凉而优美的休闲处所。俗语说："牡丹虽好，也要绿叶扶持。"为了能突出主体，或渲染末体，可用古树作衬景，使主景形象更加鲜明，给人以深刻的感受。例如，苏州博物馆，其入口厚重而气派，作为陪衬的古柏树叶深绿、树形低矮，与入口风格和谐统一，点缀了建筑入口空间。

原生地名木古树景观的开发应用主要包括 3 个方面：城市名木古树景观的开发、风景名胜区名木古树景观旅游项目的开发、乡村旅游中名木古树景观的开发。

城市中的古树，在历代城市营建中发挥着重要的职能。一方面标示了城市道路的位置；另一方面装点美化了城市环境。城市街道名木古树景观的保护性开发、名木古树主题公园、城市遗址公园的建立等，既保护了城市历史性环境，也极大地保护了名木古树，延续了城市历史性景观，体现了名木古树的潜在景观价值，满足了不同层次旅游者的不同需求。

风景名胜区的名木古树资源是名胜古迹不可或缺的有机组成部分。它们枝叶繁茂，或古朴遒劲，或枯木逢春，或旁逸斜出，极具审美价值；同时，挖掘与古树景点有关联的人文史料，可以使景点的内容更加丰富，并增加旅游景点的文化意义。例如，扬州八怪纪念馆旁的唐槐，游人在游玩八怪纪念馆后，再领略一下千年古槐，追索昔日的槐古道院风采，体会"南柯一梦"的意境，定会余味无穷。同时，在旅游区还可开展专线古树旅游线路，结合开展与名木古树品种相关的文化节活动，以满足不同层次旅游者的不同需求。例如，福州的荔枝节集采摘、品尝游赏于一体，使人们在体验乐趣的同时对荔枝相关知识有了更深刻的了解。

名木古树景观资源在我国农村分布比较多，尤其是在一些古村落遍布风水林，它们都有上百年甚至上千年的历史，充分开发和利用这些名木古树景观资源，围绕这些风水林来营造乡村旅游景观，对提升村落景观环境以及保护古树群落有着十分重要的现实意义。例如，安徽古村落的风水林，现已建成村落水口公园，无论是村里还是前来参观旅游的客人都喜欢在水口公园停留观看、欣赏古树美景。

7.4.3.2 枯死名木古树景观的利用与景观再造

由于自身衰老死亡或其他原因致死的名木古树，仍有景观和科研价值，因此枯死名木古树景观的利用与再造也是名木古树景观再生的一项工作内容。利用枯死古树来进行景观再造，一是采取就地建亭保存。例如，福州市雪峰寺枯木庵，寺东南方数百步处的枯木庵，为重檐九重顶二层建筑，庵内一株枯水树龄已3000多年，树腹中空，可容10余人。南面开一门洞，相传是义存祖师初入山时的栖身之处。枯木内外原有唐、宋、明题刻20多处，多已风化剥蚀，仅存唐代题刻一条19字，在国内独一无二，称"树腹碑"。二是制作成城市雕塑。例如，墨西哥城的白雪松雕塑"缅怀自然"。三是培育残余萌芽或通过组织培养技术，再现生其树木景观。如湖南福严寺的古银杏。四是建立名木古树博物馆。

7.4.3.3 仿真名木古树的运用

近几年来，国内对仿真古树的运用日益增加。仿真古树一般按树种来仿造，如仿造古榕、香椿、棕榈、椰子等，造型美观大方，是室内外装饰造景的很好选择。人们对仿真古树的运用，主要是在茶馆、餐厅营造一种山林野趣的意境，或者在室外创造出一种奇特景观，吸引人们驻足观赏。

名木古树以其优美的形态、丰富的人文内涵，被人们称为"凝固的诗，动感的画"。它为现代环境设计提供了丰富的素材。以古树为题材的神话传说、人物事迹、历史典故、诗歌及绘画作品构成了我国丰富的人文资源，它与中华民族的生存和发展结下了不解之缘，并在中华民族的文明进步过程中具有不可替代的作用。对名木古树景观的应用规划，不仅要重视名木古树景观的形体、姿态、花果、色彩等视觉效果方面的展示，更要尊重其自然生长规律，充分开发古树的人文景观与旅游资源，使名木古树景观成为一个城市，乃至一个地区的主要景观特色。

思考与练习

一、名词解释

森林美，城市森林文化，乡村森林文化，古树名木。

二、填空题

1. 森林由_____、_____、_____、_____4种形式构成。

2. 审美范畴指人对森林景观的概括性心理体验，主要有_____、_____、_____3种基本范畴。

3. 城市森林的范围包括_____、_____、_____3个方面的内容。

4. 乡村森林文化是乡村森林的_____和_____，它传承了中国传统的_____、_____、_____、宗教文化、_____，又弘扬了现代自然保护区文化、_____、森林休闲文化、_____、荒野文化的文化内涵，构成别具一格的森林文化形态。

5. 乡村森林文化倡导的这种_____的文化生态，蕴含着_____、_____、_____的文化品格。

6. 森林的美化方法大致可归纳为_____、_____、_____、_____ 4 种。

7. _____市全力实施"森林围城、森林进城"战略，2003 年开始启动"青山绿地、蓝天碧水"工程，以_____模式，全方位构建_____城市森林生态体系。

8. 名木古树文化具有_____、_____、_____、_____ 4 种属性。

三、判断题

1. 雪松被南京市民选为市树。   （   ）

2. 北京市花月季，花姿秀美，花色绮丽，素有"花中皇后"之美称。   （   ）

3. 森林美是自然美的组成部分，森林美的本质从总体上说就是自然美的本质在森林这个特定对象上的体现。   （   ）

4. 作为审美客体的森林可以孤立地构成完整的森林景观图幅。   （   ）

5. 中国古代的"风水"思想就提倡"人之居处，宜以大地山河为主"，主张与自然融为一体，筑屋建房之前，须"相上尝水"观察基地环境，使居住点与自然山水有机结合。
                                                                        （   ）

6. 林缘美化主要是增加了森林的美，并不会增强森林的抵抗力。   （   ）

7. 名木古树以其优美的形态、丰富的人文内涵，被人们称为"凝固的诗，动感的画"。
                                                                        （   ）

四、单项选择题

1. 森林植物美包括（   ）。

A. 森林植物的色彩美   B. 森林植物的动态美

C. 森林植物的形体美   D. 森林植物的声音美

2. 关于森林艺术创作需要遵循的基本原则，以下描述正确的是（   ）。

A. 森林的自然生长规律是森林美化的首要条件

B. 森林美化注意突出和开发自身的自然美，切忌森林的庭园化和公园化

C. 森林美化应根据森林的不同类型采取不同的美化措施

D. 游人状况不用考虑在内

3. （   ）树高大落叶乔木，躯干挺拔，抗病害力强、耐污染力高，寿龄绵长，几达数千年。

A. 古银杏   B. 古榆   C. 古国槐   D. 古榕

4. （   ）市提出的"一心两谐五湾多点"，拉开了城市森林城市的建设框架。

A. 上海   B. 大连   C. 厦门   D. 三亚

5. 马致远的《天净沙·秋思》："枯藤老树昏鸦，小桥流水人家，古道西风瘦马。夕阳西下，断肠人在天涯。"表达了古树名木具有（   ）。

A. 历史性   B. 宗教性

C. 名木古树的文学性   D. 艺术性

五、简答题

1. 森林美的概念与特征。

2. 简述森林的美化方法。

3. 城市森林的内涵是什么，有什么功能？

4. 阐述构建城市森林文化理念和原则。

5. 简述乡村森林文化的形态。

6. 请说明乡村森林文化在新农村建设中的作用。

7. 列举名木古树的种类和等级。

8. 名木古树有什么文化属性？

单元 8

林业与生态文明

知识目标

1. 理解生态文明的概念和演进与发展，以及生态文明建设与时代发展的关系。
2. 了解生态文明的历史演进及建设原则。
3. 了解林业在生态文明建设中的地位与作用。
4. 掌握发展林业与建设生态文明的措施。

技能目标

1. 学会运用生态文明观思维进行林业发展问题思考分析。
2. 会运用习近平生态文明思想指导林业发展实践应用。

素质目标

1. 培养热爱自然、敬畏自然、保护自然的意识。
2. 强化环保理念与生态安全观念。
3. 提升生态文明素养。

8.1　生态文明基本理论

生态文明，是继原始文明、农业文明和工业文明之后的第 4 种人类文明形式。它以尊重和维护生态环境为主旨，以可持续发展为根据，以未来人类的继续发展为着眼点，强调在适应自然和改造自然的过程中，以实现人与自然的和谐、人与人之间的和谐。

8.1.1　生态文明的概念

生态一词源于古希腊文字，意思是指家或者我们的环境。简单概括，生态就是指一切生物的生存状态，以及生物之间和生物与环境之间环环相扣的关系。文明是指人类所创造的财富的总和，特指精神财富，是人类在认识世界和改造世界的过程中所逐步形成的思想观念以及不断进化的人类本性的具体体现。

生态文明是生态与文明词义融合形成的新的词汇，又可称为环境文明或绿色文明。在我国，有关生态文明的概念很多，其中较有代表性的有以下两种：第一，生态文明是指人类遵循人、自然、社会和谐发展这一客观规律而取得的物质与精神成果的总和；是指以人与自然、人与人、人与社会和谐共生，良性循环、全面发展、持续繁荣为基本宗旨的文化伦理形态。第二，生态文明是人类在改造自然以造福自身的过程中为实现人与自然之间的和谐所做的全部努力和所取得的全部成果，它表征着人与自然相互关系的进步状态；是人类文明发展史上继原始文明、农业文明、工业文明之后出现的一种崭新的文明形态。

8.1.2　生态文明的演进与发展

生态文明一词源自对现存工业文明的反思。在西方，1978 年，德国政治学家费切尔在论文《论人类的生存环境》中第一次使用了生态文明的表述，用生态文明表达对社会占据主导地位的工业文明的批判，对技术发展带来严重污染的批评。在中国，学界首次出现生态文明一词正是出自对费切尔论文的翻译。1982 年，中国研究学者孟庆时摘译了费切尔的论文《论人类生存的环境——兼论进步的辩证法》，并在文中指出实现生态文明目标需要依靠人道主义的方式。1983 年，作家赵鑫珊在《生态学与文学艺术》一文中，在文学研究视角下解读生态文明概念内涵，并强调生态文明是物质文明和精神文明达到完善发展的前提。没有生态文明，物质文明和精神文明就不能获得完全发展。这两篇文章是中国最早提出生态文明概念的文章，但是两篇文章都没有提出生态文明的明确定义。中国首次明确生态文明概念内涵的是叶谦吉先生。1987 年，叶谦吉在全国生态农业研讨会提出生态文明的本质内涵是"人类既获利于自然，又还利于自然，在改造自然的同时又保护自然，人与自然之间保持着和谐统一的关系"。

纵观人类历史的发展进程，人与自然关系的演变过程也是人自身本质力量对象化的过程，人的本质力量对象化就是指人把脑海里的想法通过自觉的实践变为现实的东西。当代生态危机给人类带来一系列恶劣影响之后，人类开始深刻反思：是否考虑建立一种人与自然和谐共生的新文明？回答是肯定的。因为工业文明无法正确处理人与自然的关系，即使可以采取措施缓和这种紧张的关系，也不可能从根本上解决产生生态危机的根源。唯物观揭示人类历史是一个不断扬弃的过程，工业文明在取代农业文明同时也将被扬弃，取而代之的是新形态的生态文明。"解铃还须系铃人"，生态文明的产生是一个必然的历史过程，而不是一个纯粹的自然过程。如今，生态化、生态文明等词汇已经逐渐成为一种思想、理论、战略、方向，是人类社会不容回避的历史潮流、是社会发展的必然。在学理层面上，学者阐释生态文明概念往往和人类社会历史发展相关。从人类社会构成上看，社会是由许多不同部分组成的整体，生态文明属于社会组成的一个部分，在这一层面上生态文明是一个复杂的概念，和代表社会其他组成部分的文明并存。生态文明并不是完全独立存在的，生态文明是物质文明稳定发展的基础，是精神文明发展的积极补充，是政治文明发展的补充完善。

8.1.3　生态文明建设与时代发展的关系

生态文明建设与时代发展紧密相连。2005 年，中国政府率先提出"生态文明"这一全新理念，并不断赋予其新的内涵。2007 年 10 月，党的十七大把建设生态文明列为全面建设小康社会目标之一、作为一项战略任务确定下来，2009 年 9 月，党的十七届四中全会把生态文明建设提升到与经济建设、政治建设、文化建设、社会建设并列的战略高度，构成了中国特色社会主义事业总体布局的有机组成部分。2010 年 10 月，党的十七届五中全会提出"要加快建设资源节约型、环境友好型社会、提高生态文明水平"。2012 年 11 月党的十八大从新的历史起点出发，做出"大力推进生态文明建设"的战略决策，建设生态文明，是关系人民福祉、关乎民族未来的长远大计，从 10 个方面绘出生态文明建设的宏伟蓝图。把生态文明建设放在突出地位，融入经济建设、政治建设、文化建设、社会建设各方面和全过程。生态文明是物质文明、政治文明、精神文明、社会文明的重要基础和前提，没有良好和安全的生态环境，其他文明就会失去载体。生态文明是现代人类文明的重要组成部分，生态文明与时代发展紧密相连。时代要求把生态文明理念与道德准则贯穿于经济、社会、人文、民生和资源、环境等各个领域，发挥导向、驱动作用，使所有的发展都体现生态文明的要求。

8.2　林业在生态文明建设中的地位与作用

森林是人类文明的摇篮，人类文明的进步与林业发展相生相伴。森林孕育了人类，也孕育了人类文明，林业是实现人与自然和谐的关键和纽带，是人类文明发展的重要内容，发达的林业是社会进步的重要标志。纵观人类发展历史，国家的兴衰、民族的存亡，无不与森林息息相关。森林是人类未来的遗产，是子孙后代赖以生存和发展的基础，以森林为主要经营对象的林业是国民经济重要的基础产业，为国民经济发展提供了大量的原料和初级产品。因此，保护和培育森林，发展林业，是关系民族生存与发展的根本大计。《中共中央 国务院 关于加快林业发展的决定》指出："必须把林业建设放在更加突出的位置，在贯彻可持续发展战略中，要赋予林业以重要地位；在生态建设中，要赋予林业以首要地位；在西部大开发中，要赋予林业以基础地位。"进一步明确了林业在生态文明建设中的地位和作用。

8.2.1　林业是生态文明建设的重要载体

生态兴则文明兴，生态衰则文明衰。生态环境是人类生存和发展的根基，生态环境变化直接影响文明兴衰演替。古今中外这方面的事例众多，古埃及、古巴比伦、古印度、中国四大文明古国均发源于森林茂密、水量丰沛、田野肥沃的地区。而生态环境衰退特别是严重的土地荒漠化导致古埃及、古巴比伦衰落。我国古代一些地区也有过深刻教训，河西走廊、黄土高原都曾经水丰草茂，但由于毁林开荒、乱砍滥伐，生态环境遭到严重破坏，加剧了古时该地区的经济衰落。自然界有六大生态系统：森林生态系统、荒漠生态系统、湿地生态系统、农田生态系统、草原生态系统、城市生态系统，其中森林生态系统、荒漠生态系统、湿地生态系统是林业的主体。林业中的三个生态系统和一个多样性在维护地球生态平衡中起着决定性作用，森林是"地球之肺"，湿地是"地球之肾"，生物多样性是地球的"免疫系统"，无论哪一个系统被损害或破坏，地球生态平衡都会受影响，威胁人类的生存根基，而人类文明向前发展的道路也将受到阻挠。因此，在改善生态环境推进生态文明建设中，离不开林业这个重要载体。

8.2.2　林业是生态文明建设的重要基础

党的十八大首次将"美丽中国"作为我国未来生态文明建设的宏伟目标，在其"五位一体"的总体布局中纳入了推进生态文明建设，这是我们党和国家加强生态文明建设意志和决心的充分体现。生态文明建设是一个整体性的大工程，强调人与自然和谐共生的理念，采取多种措施携手并进，共同构造生态文明社会。而林业正处于生态文明建设的基础地位和前沿阵地，森林是生态系统的支柱和陆地生态系统的主体，森林对于环境有着至关重要的作用，相关研究结果表明，它可以减轻水土流失、减少地表径流、改善气候、净化空气等，是生态环境建设的重要组成部分。人类社会经济的发展必须依赖以森林生态系统为基础的环境，否则就是无源之水、无本之木。林业发展是生态文明建设最基本的环节，也是最重要的基础。

8.2.3　林业是生态文明建设的重要保障

随着社会经济快速发展，人们的生活水平逐渐提高，加强生态文明建设已经成为时代的主流。人们对生存环境的质量提出了更高的要求，开始更加关注环境质量、生态安全、生存健康等一系列生态问题，已从原来的"谋生计""求温饱"向现在的"盼环保""要生态"转变。林业作为生态文明的要素之一，经营的对象主要是森林资源，其作为规模巨大的循环经济体，是建设生态文明的重要保障。生态文明是人与自然协调发展的社会系统，通过林业建设与发展，一方面解决好各种生态问题，积极发挥出调节生态环境、维系生态安全的作用，为人类提供更好的人居环境；另一方面为社会的发展提供各类物资，如木材、绿色食品、药材、生物质能源等丰富的资源，人们在日常生活中使用的桌椅、竹炭纤维衣物等均源于林业的发展，在满足人们生活需求和提高生活水平的同时，还可以带动相关产业发展，扩大就业，推动产业结构优化升级，进一步推动社会的发展。人类要实现长期可持续发展，必须经历生态文明建设的过程，而该过程必须有一定的物质基础，林业建设与发展可以为该过程提供有效的保障。

8.2.4　林业是生态产品生产的重要阵地

生态产品是指能够满足人们生态需求的产品，简言之是"良好的生态环境"，包括美丽的森林、清新的空气、清洁的水源、可爱的动物、宜人的气候等，是人类生活必需的消费品。然而，当前人们所面临的生态环境日益恶化的形势依然严峻，全球气候变化问题日益突出，水土流失、土地退化、旱涝频发、物种灭绝、空气和噪声污染等环境问题不断为人们敲响警钟，生态灾害频发，生态危机成为当前阶段人类面临的最大威胁。生态产品已成为全社会最短缺、最急需大力发展的产品。而造林绿化发展林业对于水土保持、涵养水源、调节气候、净化空气、降低噪声等方面具有独特的作用，茂密的林草覆盖使水土得到保持，面对生活生产的各种碳排放，森林资源可以有效固碳、释放氧气，对空气污染也有一定的改善作用。此外，发展林业还能保护生物多样性，维持自然界的生态系统平衡。在推进生态文明建设中，林业作为生态建设的主体，已成为生产生态产品的重要基地，也是最低成本的生态建设方式。提高生态产品的供给能力，离不开生态环境的改善，为人们提供丰富、优质的生态产品，已成为林业发展最重要与最紧迫的工作。

8.2.5　林业在传播生态文明中具有重要作用

思想是行动的先导，正确的生态理念是生态文明建设的前提。在生态文明建设中，生态文化属于文化基础，是文明可持续发展的需求，也是时代的要求。建设生态文明需要生态文化的先行，需要整个民族、国家生态文化的普及与提升。人类是从森林里走出来的，人类创造的最初文化形式是森林文化，并传承发展到现在，还将继续发展，因此森林文化经历了农业文明和工业文明，也必将在建设生态文明中发挥重要的纽带作用。人类通过森林文化连接人类文明历史，森林文化也是建设生态文明最合适的载体，是建设生态文明的文化基础。而林业作为森林文化的重要承载部分，最贴近百姓、最贴近生活，林业发展能够为生态文明建设提供社会基础，是推进生态文化建设的重要载体与平台，发展林业能有效推动森林文化、湿地文化、生态旅游文化、绿色消费文化等生态文化的宣传发展，倡导人与自然和谐共生，形成尊重自然、热爱自然、善待自然的良好氛围，达到全社会对生态文明的认知认同，构建繁荣的生态文化体系，唤起人们的绿色意识，促进强大生态文化力量的形成，为建设生态文明提供厚重的文化支撑。

8.3　生态文明建设下的林业发展策略

人类是从森林中走出来的，森林从来没有像今天这样与生态、生活、生命、生存联系得如此紧密。地球是人类的共同家园，生态兴则文明兴，人类应该尊重自然、顺应自然、保护自然，推动形成人与自然和谐共生新格局。生态文明建设是新时代中国特色社会主义的一个重要特征。加强生态文明建设，是贯彻新发展理念、推动经济社会高质量发展的必然要求，也是人民群众追求高品质生活的共识和呼声。建设生态文明，建设美丽中国，是中华民族伟大复兴的绿色之梦、美丽之梦，面对众多的生态环境问题，我们必须携起手来，从现在做起，保护森林，保护自然，保护生态，为子孙后代留下天蓝、地绿、水净的美丽家园，努力走向社会主义生态文明新时代。

8.3.1　走好绿色发展之路

生态文明建设的基本色调和核心元素是绿色。林业是生态景观、自然资源、生物多样性的集成者，是美丽中国的核心元素，拥有大自然中最美的色调，是自然美的核心，承担着建设美丽中国的重大职责，是人类命运共同体的绿色纽带。林业是绿色产业、生态产业、循环产业、碳汇产业、生物产业和富民产业，是绿色发展的优势和潜力所在。基于林业的基础性、公益性、民生性、包容性特征，以及林业对自然、社会、经济发展的极端重要性和综合复杂性，林业必须勇于承担起新的历史使命，走好绿色发展之路。

一是理念上，强调尊重自然，人林和谐共荣，尊重一切生物的生存状态，倡导生态理性和系统谋划；二是战略上，将碳达峰、碳中和纳入生态文明建设整体布局，进一步丰富了生态文明建设的内涵要求，通过林业发展增加森林碳汇，力争实现二氧化碳排放 2030 年前达到峰值，为 2035 年生态环境根本好转奠定坚实基础；三是目标上，助推美丽中国全新视角的落地扎根，追求人的物质性、精神性、制度性福利的不断提升，林业资源可持续利用和环境权益不断增进；四是实践上，通过国家和社会集体的组织化行动建设，以及保护好三个生态系统和一个多样性，彻底扭转生态恶化趋势，从根本上提高国土空间的生态承载力；五是时间上，推进现代林业改变工业文明以来人们长期的生产生活方式，治愈中国 30 多年经济增长奇迹背后的潜在生态缺陷，迎接美丽中国的来临；六是地域上，构建生态安全格局，全面激活山水林田湖草沙生命共同体命脉，提高应对全球气候变化的贡献度；七是制度上，强调顶层设计，严肃红线制度，将生态建设的基本制度和体制安排切实转化为政府的政治责任、依法治理机制和整个社会的基本义务分配。

党的二十大擘画了我国未来发展蓝图，描绘了青山常在、绿水长流、空气常新的美丽中国画卷。我国将坚定不移走绿色发展之路，推进生态文明建设，推动实现更高质量、更有效率、更加公平、更可持续、更为安全的发展，让绿色成为美丽中国最鲜明、最厚重、最牢靠的底色，让人民在绿水青山中共享自然之美、生命之美、生活之美。"十四五"时期，我国生态文明建设进入了以降碳为重点战略方向、推动减污降碳协同增效、促进经济社会发展全面绿色转型、实现生态环境质量改善由量变到质变的关键时期。当前林业推进绿色发展，必须坚持绿色为本，努力为大地铺绿，在人们身边增绿，要在全面提升林业生态功能的同时，大力发展木材培育、木本粮油和特色经济林、森林旅游、林下经济、竹产业、花卉苗木、林业生物、野生动植物繁育利用、沙产业、林产工业十大主导产业。通过发展绿色产业，促进绿色发展，让人们享受到优美的生活空间和更多更好的生态产品。

8.3.2　坚持生态保护优先

一是坚持人与自然和谐共生。大自然是人类赖以生存发展的基本条件，人与自然的关系是人类社会最基本的关系。习近平总书记指出："自然是生命之母，人与自然是生命共同体"。保护自然就是保护人类，建设生态文明就是造福人类。站在中华民族永续发展根本大计的高度，要牢固树立和践行绿水青山就是金山银山理念，尊重自然、顺应自然、保护自然，坚持生态效益和经济社会效益相统一，积极探索推广绿水青山转化为金山银山的路径，利用自然优势发展特色产业，因地制宜壮大"美丽经济"，让资源变资产、资金变股金、农民变股东，把绿水青山蕴含的生态产品价值转化为金山银山。要坚定不移走生产发展、生活富裕、生态良好的文明发展道路，建设人与自然和谐共生的现代化，建设望得见山、看得见水、记得住乡愁的美丽中国。

二是统筹山水林田湖草沙系统治理。山水林田湖草沙是一个生命共同体，是不可分割的生态系统。人的命脉在田，田的命脉在水，水的命脉在山，山的命脉在土，土的命脉在林和草，这个生命共同体是人类生存发展的物质基础。要坚持系统观念，深入实施山水林田湖草沙一体化生态保护和修复，以国家重点生态功能区、生态保护红线、自然保护地等为重点，加快实施重要生态系统保护和修复重大工程，科学推进荒漠化、石漠化、水土流失综合治理，开展大规模国土绿化行动，推行草原森林河流湖泊湿地休养生息，扩大环境容量生态空间，筑牢国家生态安全屏障。要推进以国家公园为主体的自然保护地体系建设，实施生物多样性保护重大工程，加强生物安全管理，提升生态系统多样性、稳定性、持续性。"十四五"期间，全国规划完成造林种草等国土绿化 5 亿亩，治理沙化土地面积 1 亿亩；城市建成区绿化覆盖率达到 43%，村庄绿化覆盖率达到 32%；使生态系统固碳能力进一步增强，生态安全屏障作用显著发挥，城乡人居环境明显改善。

8.3.3 构建生态安全格局

我国林地、湿地和荒漠化土地总面积超过 6 亿 hm^2，约占国土面积的 63%，林业在优化国土生态空间中承担着主要任务。根据《全国国土绿化规划纲要（2022—2030 年）》要求，认真贯彻落实主体功能区战略，按照全国重要生态系统保护和修复总体布局，以青藏高原生态屏障区、黄河重点生态区（含黄土高原生态屏障）、长江重点生态区（含川滇生态屏障）、东北森林带、北方防沙带、南方丘陵山地带、海岸带"三区四带"为骨架，以山系、水系、通道等为网络，以森林、草原、荒漠等生态系统治理为重点，完善政策机制，全面推行林长制，充分调动各方力量，努力抓好合理安排绿化空间、持续开展造林绿化、全面加强城乡绿化、强化草原生态修复、推进防沙治沙和石漠化治理、巩固提升绿化质量、提升生态系统碳汇能力、强化支撑能力建设 8 个方面工作，因地制宜、分区施策，协同推进国土绿化，促进城乡绿化一体化，推动国土绿化高质量发展，增强对国家重大战略和区域协调发展战略实施的生态支撑。到 2030 年，自然生态系统质量和稳定性不断提高，沙化土地和水土流失治理稳步推进，生态系统碳汇增量明显提升，生态产品供给能力显著增强，国家生态安全屏障更加牢固，生态状况持续好转，美丽中国建设取得新进展。到 2035 年，全国森林、草原、湿地、荒漠生态系统质量和稳定性全面提升，建成以国家公园为主体的自然保护地体系，生态系统碳汇增量明显增加，国家生态安全屏障坚实牢固。

8.3.4 完善政策制度保障

保护生态环境必须依靠制度、依靠法治。习近平总书记指出："只有实行最严格的制度、最严密的法治，才能为生态文明建设提供可靠保障。"要把制度建设作为生态文明建设的重中之重，深入推进生态文明体制改革，加快制度创新，增加制度供给，完善制度配套，健全产权清晰、多元参与、激励约束并重、系统完整的生态文明制度体系。围绕生态文明建设总体目标，加强同碳达峰、碳中和目标任务的衔接，加强生态建设、维护生态安全是政府必须提供的公共服务。一是健全和完善公共财政支持政策，建立能够体现森林生态系统碳汇价值的生态产品价值实现机制，健全生态效益补偿制度，完善林业补贴制度及有利于绿色低碳发展的财税、价格、金融、土地、政府采购等政策，充分调动经营主体生产积极性，进一步发挥生态保护补偿的政策导向作用。二是完善基础设施投入政策，将林区基础设施纳入相关规划，逐步提高投资标准。三是完善金融和税收扶持政策，加快建立林权抵押贷款管理制度，完善生态产业贷款财政贴息、保险保费财政补贴、税收优惠减免政策。四是加大对林业能力建设的支持力度，促进现代林业的发展。

8.3.5　加快林业科技创新

科学技术日益渗透于经济发展和社会生活各个领域，成为推动现代生产力发展的最活跃的因素、现代社会进步的决定性力量。因此，发展现代林业、建设生态文明、推动科学发展，根本出路在科技，科技是推动林业建设与生态平衡的根本要素，创新是未来林业发展的新方向。加快林业科技创新，是建设生态林业和民生林业的重要支撑，是转变发展方式、推动林业产业升级、实现绿色增长的强大动力，是深化林业改革、实现兴林富民的有效途径。要进一步提高对林业科技创新重要性的认识，增强使命感和责任感，坚定不移地实施科教兴林战略。首先，加强林业科技攻关。攻克现代林业重大关键技术，重点加强生态建设、森林经营和保护、资源培育与高效利用、林业生物产业、林业碳汇、木本粮油、林业生物能源、林业装备等领域的重大关键技术研究。加强林业基础科学研究，增强林业原始创新能力，为现代林业发展提供基础理论支撑。其次，提升科技成果应用水平。加强林业科技推广体系建设，逐步完善和建立各级林业科技推广机构，明确公益性定位，进一步强化基础设施和能力建设，加强林业科技示范区、示范点、示范基地建设，并发挥其示范辐射和带动作用，以提高林业科技的表现力，提升创新能力，逐步建立起覆盖全国的林业科技推广服务网，提高社会化服务能力。

思考与练习

一、名词解释

生态，文明，生态文明。

二、填空题

1.＿＿＿＿＿＿＿＿＿是继原始文明、农业文明和工业文明之后的第4种人类文明形式。

2. 生态文明强调在适应自然和改造自然的过程中，要实现＿＿＿＿＿＿的和谐，＿＿＿＿＿＿的和谐。

3. 生态文明建设的基本色调和核心元素是＿＿＿＿＿＿＿。

4. 生态文明理念的核心是从"＿＿＿＿＿＿＿＿＿"过渡到"＿＿＿＿＿＿＿"。

5.＿＿＿＿＿＿＿就是保护生产力、＿＿＿＿＿＿＿就是发展生产力。

6. 地球是人类的共同家园，生态兴则文明兴，人类应该＿＿＿＿＿＿、＿＿＿＿＿＿、

_____，推动形成人与自然和谐共生新格局。

7. 山水林田湖草沙是一个生命共同体，是不可分割的生态系统。人的命脉在_____，田的命脉在_____，水的命脉在_____，山的命脉在_____，土的命脉在_____。

8. 林业中的三个生态系统和一个多样性在维护地球生态平衡中起着决定性作用，森林是"_____"，湿地是"_____"，生物多样性是地球的"_____"。

三、判断题

1. 森林是人类文明的摇篮，发达的林业是社会进步的重要标志。　　　　（　　）

2. 强调发展的可持续性是生态文明的一个突出特征。　　　　　　　　（　　）

3. 林业以森林资源为主要经营管理对象，是规模最小的循环经济体。（　　）

4. 林业是绿色产业、生态产业、循环产业、碳汇产业、生物产业和富民产业，是绿色发展的优势和潜力所在。　　　　　　　　　　　　　　　　　　　（　　）

5. 陆地自然生态系统主要包括森林、湿地、荒漠、草原四大生态系统，主要由林草部门负责治理。　　　　　　　　　　　　　　　　　　　　　　　　（　　）

6. 重大生态修复工程是维护国家生态安全的战略支撑，林业实施的重点工程是国家生态修复工程的重中之重。　　　　　　　　　　　　　　　　　　　（　　）

7. 生态问题是当今社会特有的问题，更是社会主义社会所固有的。　（　　）

8. 生态文明建设的深入推进，在于生态文明整个理论和民众素养的提升。（　　）

四、简答题

1. 林业在生态文明建设中的地位与作用包括哪些方面？

2. 如何理解林业发展与生态文明的关系？

3. 生态文明建设下的林业发展策略包括哪些方面？

五、论述题

试述林业在生态文明建设中的重要性。

参考文献

曹锦明，2022. 生态文明与中国林业可持续发展探究[J]. 现代园艺，45(4)：179-180，183.

曹庭珠，2009. 生态文明建设与林业发展探析[J]. 信阳师范学院学报(哲学社会科学版)，29(5)：92-94.

柴世豪，2022. 基于物联网的智慧农场管理系统[D]. 太原：中北大学.

巢阳，李锦龄，卜向春，等，2005. 活古树无损伤年龄测定[J]. 中国园林，16(08)：57-61.

陈建成，程宝栋，印中华，2008. 生态文明与中国林业可持续发展研究[J]. 中国人口·资源与环境(04)：139-142.

陈绍志，周海川，2014. 林业生态文明建设的内涵、定位与实施路径[J]. 中州学刊，211(7)：91-96.

陈雅琳，乔蕊，潘萌娇，等，2022. 外来入侵植物病毒在我国的发生、危害与管理[J]. 植物保护，48(04)：39-50.

陈元媛，温作民，谢煜，2018. 森林碳汇的公允价值计量研究：基于森林资源培育企业的角度[J]. 生态经济，34(4)：45-49.

陈震，2012. 黑龙江省森工林区"智慧林业"框架应用技术研究[D]. 哈尔滨：东北林业大学.

程传鹏，2021. 碳交易背景下森林碳汇理论与案例分析研究[M]. 北京：经济管理出版社.

邓世晴，2019. 星机地协同的松材线虫病疫区枯死松树监测方法研究[D]. 南昌：东华理工大学.

丁胜，朱添金，赵庆建，等，2018. 基于CGE模型的林业碳税在森林采伐管理中的应用[J]. 南京林业大学学报(自然科学版)，42(3)：146-152.

董梅，陆建忠，张文驹，等，2006. 加拿大一枝黄花——一种正在迅速扩张的外来入侵植物[J]. 植物分类学报(01)：72-85.

段昌群，苏文华，杨树华，等，2010. 植物生态学[M]. 北京：高等教育出版社.

巩倩倩，2018. 对新时代生态文明建设原则的思考[J]. 山东行政学院学报(05)：28-32.

谷树忠，胡咏君，周洪，2013. 生态文明建设的科学内涵与基本路径[J]. 资源科学，35(1)：2-13.

关继东，2014. 林业有害生物控制技术[M]. 北京：中国林业出版社.

管健，2021. 森林资源经营管理[M]. 北京：中国林业出版社.

韩美群，2015. 生态文明在现代文明体系中的辩证关系探析[J]. 武陵学刊，40(05)：32-36.

胡德平，2007. 森林与人类[M]. 北京：科学普及出版社.

胡玎，李瑞冬，2005. 论城市森林的内涵[J]. 园林(03)：18-19.

黄世贤，2013. 社会主义生态文明建设新时代的基本特征和表现形式[J]. 中国井冈山干部学院学报，6(03)：115-120.

蒋红星，2016. 森林文化简论[J]. 湖南林业科技(03)：121-127.

李成德，2004. 森林昆虫学[M]. 北京：中国林业出版社.

李景文，1994. 森林生态学[M]. 2版. 北京：中国林业出版社.

李俊清，2010. 森林生态学[M]. 2版. 北京：高等教育出版社.

李世东，2017. 智慧林业概论[M]. 北京：中国林业出版社.

李小文，2008. 遥感原理与应用[M]. 北京：科学出版社.

李小文，2010. 遥感科学与定量遥感[J]. 地理教育(Z2)：1.

李笑笑，潘家坪，2020. 森林碳汇计量方法的比较研究[J]. 中国林业经济(4)：96-97.

李亚楠，2021. 中国生态文明制度的历史演进研究[D]. 上海：上海师范大学.

李艳杰，2011. 森林病虫害防治[M]. 沈阳：沈阳出版社.

廖福霖，2019. 生态文明学[M]. 2版. 北京：中国林业出版社.

廖福霖，2019. 生态文明知识问答[M]. 北京：中国林业出版社.

廖建国，黄勤坚，2012. 森林调查技术[M]. 厦门：厦门大学出版社.

刘海桑，2013. 鼓浪屿古树名木[M]. 北京：中国林业出版社.

刘经伟，刘伟杰，2019. 大学生生态文明实践教程[M]. 北京：中国林业出版社.

刘九材，2022. 基于物联网的果园环境监测系统设计与实现[D]. 阿拉尔：塔里木大学.

刘铮，艾慧，2012. 生态文明意识培养[M]. 上海：上海交通大学出版社.

柳晓燕，赵彩云，李俊生，等，2022. 气候变化情景下中国外来入侵植物黄顶菊潜在分布区模拟与早期预警[J]. 环境科学研究，35(12)：2768-2776.

吕国庆，2022. 云计算技术在计算机大数据分析中的应用探析[J]. 智慧中国(07)：92-93.

吕镇，2015. 中国森林碳汇实践与低碳发展[M]. 北京：北京大学出版社.

罗菊春，2002. 大兴安岭森林火灾对森林生态系统的影响[J]. 北京林业大学学报(Z1)：105-111.

罗贤宇，郑珠仙，曾丽萍，2014. 论现代林业发展与生态文明建设[J]. 山西农业大学学报(社会科学版)，13(01)：89-94.

毛芳芳，2014. 森林环境[M]. 北京：中国林业出版社.

毛芳芳，朱丽清，王世昌，2021. 森林环境[M]. 北京：中国林业出版社.

茅笛，2016. 文明的觉醒——迈向生态文明时代[M]. 北京：中国书籍出版社.

莫小林，2018. 林业名词术语解释[M]. 哈尔滨：东北林业大学出版社.

彭少麟，向言词，1999. 植物外来种入侵及其对生态系统的影响[J]. 生态学报(04)：560-568.

邱仁富，2008. 文化共生与和谐文化的建构[J]. 兰州学刊(05)：171-173.

裘晓雯，2013. 乡村森林文化的主要形态与功能[J]. 北京林业大学学报(社会科学版)(01)：28-33.

任恢忠，刘月生，2004. 生态文明论纲[J]. 河池师专学报(社会科学版)(01)：82-85.

舒立福，田晓瑞，1997. 国外森林防火工作现状及展望[J]. 世界林业研究(02)：29-37.

舒立福，田晓瑞，寇晓军，2003. 林火研究综述(I)——研究热点与进展[J]. 世界林业研究(03)：37-40.

舒立福，田晓瑞，李红，1998. 世界森林火灾状况综述[J]. 世界林业研究(06)：42-48.

宋军卫，樊宝敏，2012. 森林的文化功能初探[J]. 北京林业大学学报(社会科学版)，11(02)：34-38.

宋现国，2020. 关于现代林业发展及生态文明建设探讨[J]. 农家参谋(08)：107.

苏孝同，2005. 生态文明的林业理念与和谐社会的建构[J]. 北京林业大学学报(社会科学版)(3)：1~6.

苏孝同，苏祖荣，2012. 森林文化研究[M]. 北京：中国林业出版社.

苏祖荣，2005. 森林文化形态的划分问题[J]. 北京林业大学学报(社会科学版)(02)：18-21.

苏祖荣，2010．论森林审美的范畴[J]．林业勘察设计(02)：53-57．

苏祖荣，2015．森林形式美的一般法则和特殊法则[J]．林业勘察设计(02)：28-32．

苏祖荣，苏孝同，2004．森林文化学简论[M]．上海：学林出版社．

苏祖荣，苏孝同，2012．森林与文化[M]．北京：中国林业出版社．

苏祖荣，郑小贤，2012．森林美学的性质及与其他学科的关系[J]．中国林业教育，30(01)：37-40．

苏祖荣，2010．森林：一个生命共同体的美学诉说[J]．南京林业大学学报(人文社会科学版)，10(01)：7．

孙德鹏，2020．智慧林业防火物联网智能分析平台关键技术研究[D]．北京：北京工业大学．

孙丽函，2017．林业生态文明建设的内涵、定位以及实施途径[J]．现代园艺，4：161．

唐佳成，沐先运，2022．它是外来入侵植物，泛滥会威胁生物多样性，这种"蒲公英"别吹，遇到直接拔掉[J]．绿化与生活(07)：38-40．

汪建云，2013．生态文明建设简明读本[M]．北京：高等教育出版社．

汪筱月，2022．大数据时代侵犯公民个人信息罪的司法适用困境[D]．兰州：甘肃政法大学．

王朝全，2009．论生态文明、循环经济与和谐社会的内在逻辑[J]．软科学，23(08)：69-73．

王丹，熊晓琳，2017．以绿色发展理念推进生态文明建设[J]．红旗文稿(01)：20-22．

王宏伟，赵建平，2014．森林资源资产抵押与评估[M]．北京：中国林业出版社．

王磊，2022．大数据视域下个人信息民法保护研究[D]．哈尔滨：黑龙江大学．

王艳华，2021．智慧林业中立体感知体系关键技术研究[D]．哈尔滨：东北林业大学．

新华社，2016．党的十八大以来加强生态文明建设述评[EB/OL]．(2016-02-15)[2022-07-01]．http://news.xinhuanet.com/politics/2016-02/15/c_ 1118049087_ 2.htm．

许飞，邱尔发，王成，2010．我国乡村人居林建设研究进展[J]．世界林业研究(01)：56-61．

闫小玲，寿海洋，马金双，2012．中国外来入侵植物研究现状及存在的问题[J]．植物分类与资源学报，34(03)：287-313．

杨继平，2000．世界之交关注森林——林业的地位和作用[M]．北京：中国林业出版社．

杨松青，2019．生态文明建设的辩证思考[D]．兰州：兰州财经大学．

姚茜，景玥，2017．习近平擘画"绿水青山就是金山银山"：划定生态红线推动绿色发展[EB/OL]．(2017-06-05)[2022-07-01]．http://cpc.people.com.cn/n1/2017/0605/c164113-29316687.html．

曾宪烨，2005．浅谈枝线的美感[J]．花木盆景(盆景赏石)(06)：16-18．

张长禄，吕树润，1998．陕西古树木[M]．北京：中国林业出版社．

张纯，王涛，2020．大学生生态文明教育与管理研究[M]．北京：中国商务出版社．

张鸿文，2008．论林业在建设生态文明中的作用[J]．林业经济，6：16-19．

张莹莹，2018．生态文明下林业生态建设的问题与对策[J]．绿色环保建材，10：231-232．

张颖，2013．森林碳汇核算及其市场化[M]．北京：中国环境出版社．

张颖，杨桂红，2015．森林碳汇与气候变化[M]．北京：中国林业出版社．

张云飞，2018．唯物史观视野中的生态文明[M]．北京：中国人民大学出版社．

赵珂，2022．生态文明概念研究[D]．南昌：江西财经大学．

赵盛烨，2021．基于云计算技术的区域安全通信技术研究[D]．北京：中国科学院大学(中国科学院沈阳计算技术研究所)．

赵树丛，2013．中国林业发展与生态文明建设[J]．国土绿化，7：5-8．

郑小贤，2001. 森林文化、森林美学与森林经营管理[J]. 北京林业大学学报(02)：93-95.

郑郁善，廖建国，2017. 林学概论[M]. 北京：中国林业出版社.

周伟，高岚，2021. 森林碳汇交易市场研究/碳中和林业行动文库[M]. 北京：中国林业出版社.

周小华，张伟，2014. 福建乡村生态文化建设研究[J]. 国家林业局管理干部学院学报(01)：23-28.

宗国，2022. 现代林业发展与生态文明建设探讨[J]. 南方农业，16(04)：117-119.